中国绿化基金会
CHINA GREEN FOUNDATION

U0237423

你零碳了吗？
Have You Achieved Zero Carbon?

中国绿化基金会
China Green Foundation 编著

中国林业出版社
China Forestry Publishing House

图书在版编目（CIP）数据

你零碳了吗？ / 中国绿化基金会编著 . -- 北京：中国林业出版社，2022.10
ISBN 978-7-5219-1897-7

Ⅰ . ①你 … Ⅱ . ①中 … Ⅲ . ①二氧化碳－节能减排－普及读物 Ⅳ . ① X511-49

中国版本图书馆 CIP 数据核字 (2022) 第 183632 号

策划、责任编辑：王 越　　　　　电　　话：(010) 83143628

出　版　中国林业出版社（100009 北京西城区刘海胡同 7 号）
网　址　http://www.forestry.gov.cn/lycb.html
发　行　中国林业出版社
印　刷　河北京平诚乾印刷有限公司
版　次　2022 年 10 月第 1 版
印　次　2022 年 10 月第 1 次
开　本　787mm×1092mm　1/16
印　张　13.75
字　数　277 千字
定　价　99.00 元

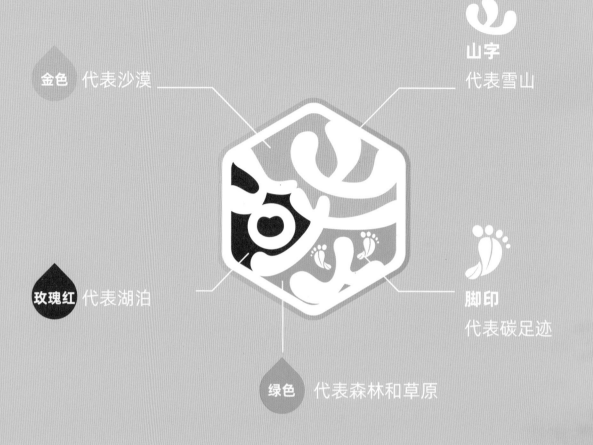

金色 代表沙漠

山字
代表雪山

玫瑰红 代表湖泊

脚印
代表碳足迹

绿色 代表森林和草原

零碳徽章的设计始源：

　　"碳"字标志最早创意始源于一张手稿，在手稿中创作者将山川、玫瑰湖、沙漠、草地、河流等元素与"碳"字的笔画进行巧妙结合，在此基础之上不断优化设计并融入了碳足迹的元素；我们希望通过这个小小的标志，让更多参与中国绿化建设的优秀企业和个人具有荣誉感和使命感；在设计"碳"字过程中，希望它能够传递喜悦、阳光、活力、积极、热情的正能量，让它连接更多热爱绿化、热爱环境的人们，携手绿化事业，共同实现零碳的美好目标。

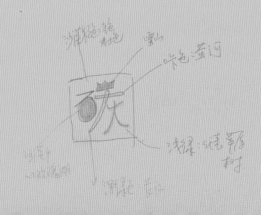

万顷沙漠之中，有片湖泊一反常态，一半呈现盐滩的雪白，一半赫然是玫瑰的粉红，宛如一颗镶嵌在黄沙上的"红宝石"。这就是深处内蒙古自治区阿拉善右旗的巴丹吉林沙漠深处的达格图湖，当地人称之为"红海子"。

　　这些沙漠风成湖大多数因剧烈蒸发而累积的盐类矿物而变成各种颜色，给单调的沙漠带去了别样的色彩。另外，达格图湖之所以呈粉红色，还与湖泊中含有红色色素的卤虫大量生长有关。卤虫以盐沼为食，能够忍耐高盐度，随着水体盐度的升高，卤虫体内的虾青素也不断增多，体色就会变成红色，从而使得整个湖泊呈现粉红色。

　　就世界范围看，玫瑰湖是一种稀有景观，见诸报道的只有澳大利亚、塞内加尔、坦桑尼亚、玻利维亚等少数国家的个别湖泊。在我国，目前发现的玫瑰湖案例也屈指可数，基本分布在西部内陆干旱、半干旱地区。

　　如果峰峦是地球之脊，那么湖泊就是大地之眼。在苍茫干涸的大地之上，瑰丽妖冶的达格图湖就是最神秘炫目的那抹亮色，是自然带给我们的梦幻奇迹。尊重自然！保护自然！

▶ 玫瑰湖
图片来源：图虫·创意

序

2021 年 3 月 15 日，习近平总书记在中央财经委员会第九次会议讲话时强调，实现碳达峰、碳中和是一场广泛而深刻的经济社会系统性变革，要把碳达峰、碳中和纳入生态文明建设整体布局。在新时代我国社会主义现代化强国建设中，每个公民都应当贡献自己的一份力量，积极加入绿色低碳行动行列，聚沙成塔，众擎易举，逐渐在全社会形成绿色低碳的生活方式。因此，开展碳中和科普宣传工作，广泛引导、动员企业、公众以实际行动参与"双碳"工作是十分有必要的。

联合国政府间气候变化专门委员会（IPCC）评估报告提出，通过林草实现的碳汇是基于自然、成本较低、经济可行、具有多种效益的，是可应对全球气候变化的措施之一。在我国"双碳"工作推进进程中，林草业更应该为"广泛形成绿色生产生活方式，碳排放达峰后稳中有降"这一目标贡献应有的力量。增加林草碳汇正是实现这一目标"性价比"最高，且具有复合效益的路径。

目前，社会上还存在着对于碳达峰、碳中和工作的一些误解与宣传，尤其是林草业在碳中和过程中发挥的重大作用往往被低估，这不利于进一步推进全社会"双碳"目标的实现。因此，我们通过网络平台等多种途径收集了相关问题，组织相关专家筛选了超过 100 个大家普遍关心的问题，从专业角度做出解答，希望有助于更多的公众科学理解"双碳"领域的问题，加大林草碳汇科普力度，如：碳汇交易对企业有什么意义？绿色金融的关注点是什么？企业、公民如何以实际行动参与？同时，我们也特别针对林草业在碳中和目标实现过程中所能发挥的作用，筛选了相关问题，并做出详细的解答，希望有助于提高民众对于林草业的科学认知与关注，如：什么是森林全口径碳汇？树木固碳释氧的具体体现？等等，通过这些问题，解答公众疑惑，更重要的是起到行为引导作用，让公众自觉践行绿色低碳的生产生活方式，提升公众生态文明素养。

实现"双碳"目标是一场伟大的社会变革，是一项复杂的系统工程，任重而道远。组织、动员全民广泛参与，是这项工作顺利开展和最终目标成果实现的持久动力和重要条件，每个产业、每个集体、每个公民都应尽心竭力，林草人更应当勇于担当、踔厉奋发，争当参与"双碳"工作的排头兵，为生态文明建设和绿色低碳发展贡献林草业力量。

中国绿化基金会

2022 年 2 月

Preface

On March 15, 2021, General Secretary Xi Jinping underscored at the Ninth Meeting of the Central Committee on Finance and Economics that achieving carbon peak and carbon neutrality is an extensive and profound systemic reform for the economy and society and should be incorporated into the overall layout of building an ecological civilization. With our commitment to building China into a great modern socialist country, every citizen should contribute their own part and actively engage themselves in the action to promote low-carbon life. Building from small steps into something bigger, we will eventually develop a green, low-carbon lifestyle in the whole society. Hence, it is of great necessity to publicize the science of carbon neutrality, and extensively guide and mobilize companies and the public to work towards the "dual carbon goals" through concrete actions.

An assessment report by the Intergovernmental Panel on Climate Change (IPCC) indicates that carbon sinks achieved by forests and grassland are nature-based, low-cost, economically feasible and coming along with many benefits, making them one of the most effective measures to cope with global climate change. In the advancement of the "double carbon" policy in China, the forest and grassland industry should be more prominent in contributing to the goal of "broad green production mode and lifestyle, with stabilized and reduced carbon emissions after reaching the peak". Increasing forest and grassland carbon sinks is the most cost-effective route that promises a multitude of benefits.

Presently, there have been some ill-informed concepts about carbon dioxide peaking and carbon neutrality in society and in particular, the significant role of forests and grasslands in advancing the fulfillment of carbon neutrality has been underestimated, posing an obstacle to the achievement of the "dual carbon goals". Therefore, we collected a vast number of questions from a variety of approaches such as network platforms and organized relevant experts to provide specialized answers to the 100 most-asked questions, with a view of helping the public to understand issues in the "dual carbon" field and enhance public awareness about forest and grassland carbon sinks. For example, these questions include "What is the significance of carbon sink trading for enterprises?", "What are the important points to be focused on in green finance?" and "How should companies and citizens engage in the initiative through their actions?" In the meantime, to promote a scientific understanding and attention of the public to the forest and grassland industry, we have also offered detailed answers to questions related to the specific role that the industry plays in achieving carbon neutrality. For example, "What is a full-caliber forest carbon sink?" and "What are the specific manifestations of trees in carbon fixation and oxygen release?" Answering these questions, we hope, not only helps clear public bewilderment, but more importantly, it also acts as a trigger of actions, prompting the public to voluntarily practice a green and low-carbon production mode and lifestyle and improve their literacy of ecological civilization.

The carbon peak and neutrality goals represent a great social change and a complicated systematic project. We have a long way to go to achieve these goals. A broad participation by all citizens offers a sustained driver, as well as an important condition, for the successful implementation and eventual fulfillment of this work. Every industry, collective and citizen should contribute their earnest effort, and practitioners in the forest and grassland industry should take the lead to work at the frontline and contribute to the construction of the ecological civilization and fulfillment of green and low-carbon development.

China Green Foundation

February 2022

目录

上篇　知识问答

下篇　我要碳中和

1 碳中和提出的背景

1.1 全球气候变化

1.1.1 全球温室气体现状

Q: 1. 什么是温室气体？

A: 温室气体指的是大气中能吸收地面反射的太阳辐射，并重新放射辐射的一些气体，它们的作用是使地球表面变得更暖，类似于温室截留太阳辐射，并加热温室内空气的作用。这种温室气体使地球变得更温暖的影响称为温室效应[1]。

太阳光   热

正常的地球

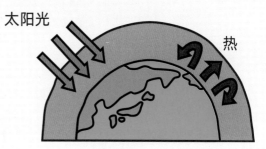

太阳光   热

温室效应的地球

Q: 2. 如何测量温室气体的变化？

A: 广泛使用的温室气体排放测量方法主要有两种：

①**基于核算的方法：** 通过活动数据乘以排放因子或通过计算生产过程中的碳质量平衡来量化温室气体排放量。

②**基于连续监测的方法：** 通过直接测量烟气流速和烟气中二氧化碳 (CO_2) 浓度来计算温室气体的排放量，主要通过连续排放监测系统（CEMS）来实现。

Q: 3. 近百年全球气候发生了怎样的变化？

A: 　　依据联合国政府间气候变化专门委员会（IPCC）发表的第三次评估报告，综合国际上各方面研究结果，得出以下内容：

　　① 1860 年以来，全球平均温度升高了 0.6±0.2℃。近百年来最暖气候出现在 1983 年以后。20 世纪北半球温度增加的幅度，可能是过去 1000 年中最高的，联合国政府间气候变化专门委员会（IPCC）发表的评估报告中指出，20 世纪全球地面气温上升了 0.3~0.6℃。

　　②近百年来，降水分布也发生了变化。大陆地区尤其是中高纬度地区降水增加，非洲等地区降水减少。部分地区极端天气气候事件的出现率与强度增加。

　　③大气中温室气体浓度明显增加。大气中二氧化碳 (CO_2) 的浓度目前已达到百分之 368(体积比)，这可能是过去 42 万年中的最高值 [2]。

Q: 4. 全球温室气体排放现状如何？

A: 　　在 2009—2018 年间，温室气体二氧化碳 (CO_2) 当量排放量平均年增长率为 1.5%。在 2018 年，包括土地利用变化产生的温室气体二氧化碳 (CO_2) 当量排放总量达到 553 亿吨二氧化碳（CO_2）当量，按照现在的减排承诺估算，2030 年将达到 560 亿吨二氧化碳 (CO_2) 当量，温室气体总排放量位于前四位的为中国、美国、欧盟和印度，并且前四位的排放量之和占全球总排放量 55% 以上，包括中国在内的 10 个国家，2018 年的每人年均二氧化碳 (CO_2) 当量排放量超过 10 吨。

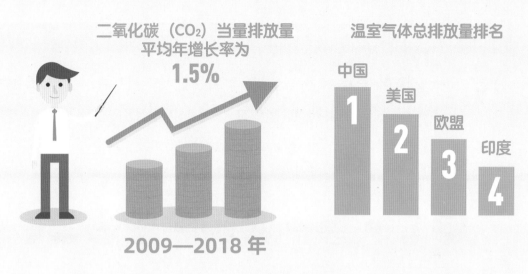

二氧化碳（CO₂）当量排放量平均年增长率为 **1.5%**

2009—2018 年

温室气体总排放量排名

中国 1
美国 2
欧盟 3
印度 4

在各种温室气体中，化石能源利用产生的二氧化碳 (CO₂) 排放量增加强劲，2018 年增长率达 9%。土地利用变化产生的二氧化碳 (CO₂) 排放量约占总温室气体的 7%，且具有很大的不确定性和年际变化性。第二重要的温室气体甲烷（CH₄）的排放量以年均 1.3% 的速度增长，在 2018 年达到 1.7%。一氧化二氮 (N₂O) 排放量以年均 1.0% 的速度稳步增长。氟化气体如六氟化硫（SF₆）、氢氟碳化合物（HFC）、全氟化合物（PFC）的增长速度最快，以年均 4.6% 的速度增长，2018 年的增长速度高达 6.1%。

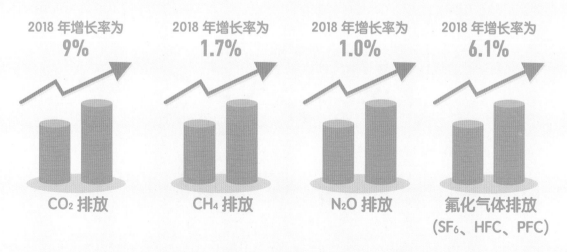

2018 年增长率为 **9%**　CO₂ 排放

2018 年增长率为 **1.7%**　CH₄ 排放

2018 年增长率为 **1.0%**　N₂O 排放

2018 年增长率为 **6.1%**　氟化气体排放（SF₆、HFC、PFC）

你零碳了吗？

Q：5. 全球的碳排放主要来自哪些国家？

A：　　亚洲的碳排放主要来自中国、印度和日本，美洲的碳排放主要来自美国、加拿大和巴西，欧洲的碳排放主要来自俄罗斯、德国和英国，非洲的碳排放主要来自南非、埃及和阿尔及利亚，大洋洲的碳排放主要来自澳大利亚[3]。

Q：6. 中国温室气体排放现状如何？

A：　　根据 2019 年我国向《联合国气候变化框架公约》秘书处提交的气候变化第二次两年更新报告，2014 年我国非二氧化碳 (CO_2) 温室气体排放量约 20.26 亿吨二氧化碳 (CO_2) 当量，不包括土地利用、土地利用变化和林业（LULUCF）排放，比 2005 年增长了 24%，其中甲烷（CH_4）增长了 11.5%，氧化亚氮 (N_2O) 增长了 22%，含氟气体增长 132.8%。2000—2012 年，中国的二氧化碳 (CO_2) 排放总量从 53.89 亿吨增长至 165.72 亿吨，平均年增长幅度达到 9.81%。

中国二氧化碳 (CO_2) 排放总量
平均年增长率为
9.81%

165.72 亿吨

53.89 亿吨

2000—2012 年

Q : 7. 新冠肺炎疫情为绿色低碳发展带来哪些启示？

A: 为打败病毒，并在未来可能发生的生态危机中赢得主动，就要转变发展思路，坚持绿色发展理念，推广绿色生产方式，倡导绿色生活方式，树立绿色消费方式，提高生态道德素养。

你零碳了吗？

Q：8. 受新冠肺炎疫情影响，碳排放下降了多少？对减缓全球气候变暖有什么影响？

A： 2020 年上半年，全球范围内人类活动二氧化碳 (CO_2) 排放量同比减少了 15.5 亿吨，降幅达到 8.8%[4]。

虽然疫情期间温室气体排放和空气污染物有所减少，但是对长期全球变暖的缓解作用杯水车薪，可能使全球气温到 2030 年下降 0.005~0.01℃。温室气体排放的最大降幅出现在 2020 年 4 月，氮氧化物减少了 30%，有助于短期降温。但与此同时，二氧化硫（SO_2）排放减少 20%，减弱了气溶胶的冷却效应，推动了短期升温，几乎抵消了降温效应。研究指出，到 2025 年这些短期效应将结束，二氧化碳 (CO_2) 大气浓度较基准政策下的水平有所降低，但最多只会使长期气温下降 0.01℃。

CO_2

减少了 **15.5** 亿吨

降幅达到 **8.8%**

CO_2 CO_2 CO_2

1.1.2 引起气候变化的因素

Q：1. 引起气候变化的原因有哪些？

A： 引起气候变化的原因可能是自然的内部进程，或是外部所迫，或者是人为持续对大气组成成分和土地利用的改变。自然因素如受太阳辐射的变化、下垫面条件的改变、大气环流的变化等；人为因素如化石燃料燃烧和毁林、土地利用变化等。人类活动所排放温室气体导致大气温室气体浓度大幅增加，二氧化碳 (CO_2) 年排放量呈不断增加趋势，温室效应增强，从而引起全球气候变暖[5]。

Q：2. 土地利用变化如何影响全球气候变暖？

A： 土地利用是人类活动作用于自然环境的主要途径之一，是土地覆被变化的最直接和最主要的驱动因子。土地覆被的变化，无论是采伐森林，城市化建设还是农业活动的加强或土地退化，均将引起温室气体排放、地面反射率和蒸发作用的变化，从而引起整个生态系统的储碳能力、能量平衡、水分输送的变化。

目前，土地利用的气体释放量约占 1/3 的全球温室气体释放总量以及大约 3/4 的甲烷 (CH_4) 释放总量。土地利用主要是通过改变全球温室气体，如二氧化碳 (CO_2)、甲烷 (CH_4) 的收支平衡 (主要表现对温室气体增加的净贡献)，来加剧温室效应的。土地利用造成的温室气体增加主要来自森林的过度采伐、农业生产活动、城市建设及城市工业等各方面。

Q：3. 人类排放的温室气体与气温升高存在什么关系？

A： 温室气体排放来源多为人为排放，如汽车尾气、重工业发展等，若温室气体含量超出大气标准，则会造成温室效应，致使全球气温上升。

1.1.3 全球变暖造成的影响

Q: **1. 全球变暖的危害有哪些？**

A: ①全球变暖会提供给空气和海洋动能，形成台风、海啸等灾难，目前全球平均气温较工业化前已上升了 1.1°C，导致自然灾害的剧烈程度和频度大大升高。据估算，全球每升温 1.5°C，仅中国干旱灾害的直接经济损失就将达到 470 亿美元，若升温达到 2.0°C，损失将会上升至 840 亿美元。

②导致内陆地区粮食及动物饲料的减产，粮食和肉类甚至出现匮乏。

③导致冰山不再积累，淡水资源匮乏。

④全球变暖使得自然界的食物链逐渐断裂。如大气、海洋中二氧化碳 (CO_2) 的含量上升，导致海洋食物链断裂，海洋生物就会大量死亡。

⑤温度上升还会让很多无脊椎动物从冬眠中苏醒，部分昆虫因错过捕食时机而大量死亡，部分昆虫由于提前苏醒导致吃掉大量森林和庄稼。

⑥对人体机能造成影响，致病率上升，各种生理疾病也会快速蔓延。

⑦气温升高，冰川消融，海平面升高，引起海岸滩涂湿地、红树林和珊瑚礁等生态群丧失，海岸侵蚀，海水入侵沿海地下淡水层，沿海土地盐渍化等，造成海岸、河口、海湾自然生态环境失衡，给海岸带生态环境带来灾难。

⑧水域面积增大。水分蒸发变多，雨季延长，遭受洪水泛滥的机会增大、遭受风暴影响的程度和严重性加大，水库大坝寿命缩短[2]。

1.2 国内外应对气候变化的对策

1.2.1 国内外合作

Q: 1. 国际合作对全球应对气候变化有什么重要意义?

A: 　　国际合作能够确保全球生态环境治理更加有效,更好应对和解决全球性的生态危机,不断提高全球的生态安全质量,借助生态环境的持续改善,增进全世界人民的民生福祉,真正实现人与自然、人与人、人与社会的和谐共生。

　　人类命运共同体视域下,全球生态保护与治理使人类对不断加重的全球性生态危机深刻反思,突破了地区和政治的局限。在全球范围内建造一个追求生态利益、承担生态责任、实现共治共享的"清洁美丽的世界",是维护人类生存环境与实现可持续发展的必然选择[6]。

1.2.2 相关会议及文件

Q: 1. 国际气候谈判进程包括哪几个阶段?

A: **第一阶段:**

　　《联合国气候变化框架公约》从法律上确立了国际气候治理的最终目标和应坚持的基本原则。

第二阶段:

　　《联合国气候变化框架公约的京都议定书》为合约附件一国家(发达国家和经济转型国家)设定了具有法律约束力的温室气体定量减排目标,引入了符合成本效益原则的排放贸易、联合履约和清洁发展机制等三个"灵活机制",使得全球温室气体减排行动付诸实施。

第三阶段：

由于《联合国气候变化框架公约的京都议定书》存在严重设计缺陷且有效期只到 2012 年，因此"后京都"时代的国际气候谈判进入第三阶段。从 2005 年 11 月《联合国气候变化框架公约的京都议定书》缔约方第一次会议召开，标志着"后京都"时代国际气候谈判正式启动，2007 年年底通过"巴厘路线图"，直至 2009 年 12 月于丹麦哥本哈根召开的第十五届联合国气候变化大会上结束谈判，旨在制定 2012 年以后的国际气候制度[7]。

Q： 2.《联合国气候变化框架公约》确定了应对气候变化的基本原则，主要包括哪些？

A： 确立国际合作应对气候变化的基本原则，主要包括"共同但有区别的责任"原则、公平原则、各自能力原则和可持续发展原则等。

Q： 3.《联合国气候变化框架公约》承认发展中国家首要和压倒一切的优先任务是什么？

A： 《联合国气候变化框架公约》承认发展中国家的人均排放仍相对较低，因此在全球排放中所占的份额将增加，经济和社会发展以及消除贫困是发展中国家首要和压倒一切的优先任务。

Q： 4.《联合国气候变化框架公约的京都议定书》确定了发达国家和发展中国家在气候变化领域"共同而有区别的责任"原则，批准发达国家从 2005 年开始承担减少碳排放量的义务，而发展中国家则从哪一年开始承担减排义务？

A： 2012 年。

Q: 5.《巴黎协定》是对什么的统一安排？

A: 《巴黎协定》是对 2020 年后，全球应对气候变化的行动做出的统一安排。

Q: 6.《巴黎协定》给世界划了两道"限定线"是指什么？

A: 这两道"限定线"是：到 21 世纪末，把全球平均气温较工业化前水平上升的幅度控制在"低于 2℃，最好不超过 1.5℃"[8]。

低于 **2℃** 最好不超过 **1.5℃**

Q: 7.《联合国人类环境会议宣言》对发展中国家环境问题的来源，提出的共同看法是什么？

A: 在发展中国家，环境问题多半是由于发展不足造成的，因此，必须致力于发展工作；在工业化的国家里，环境问题一般是同工业化和技术发展有关。

1.2.3 中国做出的贡献

Q： **1. 中国在全球气候治理中做出了哪些贡献？**

A： 中国是全球气候治理的重要参与者、贡献者、引领者。

① 积极推动《巴黎协定》顺利达成。

中国在双边气候合作中推动以"国家自主承诺减排"方式提出减排目标、减排范围、减排措施和行动路线图，为《巴黎协定》确立以"国家自主贡献"为核心的"自下而上"减排模式提供了宝贵经验。为保证《巴黎协定》的可执行性，中国坚持要求把"制定切实可行的路线图"正式写入协定。

② 不断提升国家自主贡献力度。

国家自主贡献，是各缔约方根据自身国情和发展阶段确定的应对气候变化行动目标。中国于 2015 年提交《强化应对气候变化行动——中国国家自主贡献》，是最早提交国家自主贡献方案的发展中国家。在 2020 年第七十五届联合国大会上，国家主席习近平向世界宣布中国将提高国家自主贡献力度，采取更加有力的政策和措施，二氧化碳排放力争于 2030 年前达到峰值，努力争取 2060 年前实现碳中和。

③ 充分彰显负责任的大国担当。

中国秉持"创新、协调、绿色、开放、共享"的发展理念，彰显大国责任担当，向世界郑重承诺实现碳达峰、碳中和的"3060"宏伟目标，并将其纳入生态文明建设整体布局 [9]。

Q: 2. "十一五"以来，中国制定了哪些应对气候变化的目标？实施效果如何？

A: 　第一个目标：

2009 年，哥本哈根世界气候大会，我国首次提出到 2020 年实现单位国内生产总值（GDP）二氧化碳 (CO_2) 排放相对于 2005 年降低 40%~45% 的目标；目前第一个减排目标已提前达成，9 月 27 日，生态环境部报道，2019 年中国单位国内生产总值（GDP）二氧化碳 (CO_2) 排放比 2015 年和 2005 年分别下降约 18.2% 和 48.1%，已超过对外承诺的 2020 年下降 40%~45% 的目标，初步扭转了碳排放快速增长的局面；非化石能源占一次能源消费比重达到 15.3%，比 2005 年提升 7.9 个百分点，也已超过对外承诺的 2020 年提高到 15% 左右的目标。

2019 年中国单位国内生产总值 (GDP) 二氧化碳 (CO_2) 排放

18.2%　48.1%
2015 年　2005 年

2019 年非化石能源占一次能源消费比重
15.3%

第二个目标：

2015 年，巴黎气候大会，中国提出了到 2030 年二氧化碳 (CO_2) 排放相对于 2005 年降低 60%~65%，并争取实现达峰的目标。

第三个目标：

2020 年 9 月 22 日，在第七十五届联合国大会一般性辩论会上，中国承诺碳排放力争于 2030 年前达到峰值，努力争取 2060 年前实现碳中和。

2 碳排放造成的危害

2.1 碳排放的来源及影响因素

2.1.1 碳排放的来源

Q: 1. 什么是碳排放？

A: 碳排放是关于温室气体排放的一个总称或简称。温室气体中最主要的气体是二氧化碳 (CO_2)，因此用碳来代表温室气体。具体是指煤炭、石油、天然气等化石能源燃烧活动和工业生产过程以及土地利用变化与林业等活动产生的温室气体排放，也包括因使用外购的电力和热力等所导致的温室气体排放。

Q: 2. 人为温室气体排放的主要来源是什么？

A: 大气中人为二氧化碳 (CO_2) 排放的主要来源是化石燃料的使用，甲烷 (CH_4) 主要产于大量的厌氧生物源，一氧化二氮 (N_2O) 主要是化工企业的排放物，氟利昂（Chlorofluorocarbon，CFC）主要来源于空调冷媒的泄露[10]。

化石燃料　　厌氧生物　　化工企业　　空调冷媒

2.1.2 碳排放的影响因素

Q：1. 影响碳排放的主要因素有哪些？

A： 主要影响因素包括总人口、人均国内生产总值（GDP）、经济增长、城镇化水平、产业结构、技术进步、外商直接投资、能源强度、环境规章制度等 [11-12]。

Q：2. 国际贸易对碳排放有什么影响？

A： 国际贸易对二氧化碳 (CO_2) 排放具有正向影响，即国际贸易不仅能减少工业行业的碳排放总量，还能减少单位国内生产总值（GDP）的碳排放量 [13]。

2.2 碳排放的计量

2.2.1 碳计量

Q：1. 什么是碳计量？

A： 碳计量，即碳排放量计量。

Q：2. 什么是碳足迹？

A： 碳足迹是指一项活动、一个产品（或服务）在整个生命周期（或地理范围内）所产生的直接和间接的温室气体排放量 [14-15]。

Q：3. 如何测算碳排放空间？

A： 据联合国政府间气候变化专门委员会（IPCC）的第六次评估报告第一组工作报告指出，人类累计排放二氧化碳(CO_2)的量和全球变暖的温度有一个线性关系，即每增加10^4亿吨的二氧化碳(CO_2)的排放，会增温 0.45℃（0.27~0.63℃）。而人类至今为止已经向大气中排放了$1.9×10^4$亿吨的二氧化碳(CO_2)，如果从今以后的碳排放限制在10^4亿吨以下，我们将有 66% 的概率把地球升温限制在 2℃内[16]。

温室气体排放的计算主要有 4 步：经济活动数据、计算排放系数、计算温室效应潜能、总排放量。

① **经济活动数据**。如，一年中某国消耗了多少煤、天然气、石油，其中多少用于发电、交通等。

② **计算排放系数**。如，燃烧 1 立方米天然气产生多少二氧化碳(CO_2)、一氧化碳(CO)、甲烷(CH_4），称之为排放系数。而排放系数需要研究人员根据当地情况进行具体测算。

③ **计算温室效应潜能**。不同温室气体的温室效应不同，故引入全球变暖潜能值（Global Warming Potential，GWP）的概念。GWP 就是不同温室气体的温室效应强度折算成二氧化碳(CO_2)的温室效应强度，二氧化碳(CO_2)的 GWP 值永远为 1。计算时一般采用百年时间尺度，将经济活动产生的温室气体计算为二氧化碳(CO_2)排放量。

④ **总排放量**。即将某国或某组织等各项经济活动产生的二氧化碳(CO_2)当量相加，得出该国或该组织在该时间段内的温室气体排放。

主要温室气体

温室气体	化学式	工业社会前浓度 （体积比十亿分之一）	1994年浓度 （体积比十亿分之一）	气体寿命 （年）	人为原因	全球变暖 潜能值
二氧化碳	CO_2	278000	358000	易变	化石燃料燃烧；土地利用的转变；水泥生产	1
甲烷	CH_4	700	1721	12.2±3	化石燃料燃烧；农田废弃物、养殖废弃物	21
一氧化二氮	N_2O	275	311	120	化肥工业燃烧过程	310
二氯二氟甲烷	CCl_2F_2	0	0.503	102	液体冷却剂泡沫	6200~7100
二氟一氯甲烷	$CHClF_2$	0	0.105	12.1	液体冷却剂	1300~1400
四氟甲烷	CF_4	0	0.07	50000	铝的生产	6500
六氟化硫	SF_6	0	0.032	3200	电介质	23900

2.2.2 减少碳排放量的方法

Q：1. 减少二氧化碳（CO_2）排放的手段有哪些？

A：
　　大力调整经济结构。这是从源头上节能减排的根本举措。推进工业绿色升级。加快实施钢铁、石化、化工、有色、建材、纺织、造纸、皮革等行业绿色化改造。

　　大力调整能源结构，推动能源体系绿色低碳转型。坚持节能优先，完善能源消费总量和强度双控制度。提升可再生能源利用比例，大力推动风电、光伏发电发展，因地制宜发展水能、地热能、海洋能、氢能、生物质能、光热发电。

低碳绿色科技创新，鼓励绿色低碳技术研发。实施绿色技术创新攻关行动，围绕节能环保、清洁生产、清洁能源等领域布局一批前瞻性、战略性、颠覆性科技攻关项目。

健全绿色低碳循环发展的流通体系，打造绿色物流，加强再生资源回收利用。

低碳消费，倡导低碳生活方式，加大政府绿色采购力度，扩大绿色产品采购范围，逐步将绿色采购制度扩展至国有企业。加强对企业和居民采购绿色产品的引导，鼓励地方采取补贴、积分奖励等方式促进绿色消费。

2.3 碳减排的安全隐患

Q： 1. 由于煤炭资源丰富，火力发电是我国主要的发电方式。减少碳排放，会不会影响我国的能源安全？

A： 不会，未来煤炭高质量发展是我国能源安全新战略的重要组成部分。第一，煤炭依然是我国能源安全的基石，目前，在我国没有任何一种能源能够替代煤炭在能源系统中的兜底保障作用。从目前资源勘探来看，我国化石能源中煤炭储量约 1.72 万亿吨，占比 94%，是我国最丰富的能源。2019 年年底，我国原油对外依存度 70.8%，天然气对外依存度 43%。保证国家能源的安全稳定供应，煤炭的压舱石作用依然无法替代。第二，煤炭是可清洁高效利用的最经济安全的能源，截至 2019 年年底，全国接近 90% 的燃煤发电机超低排放，85% 以上的煤炭消费基本实现清洁高效利用。根据 2019 年数据测算，煤炭是我国最经济安全的能源资源。目前，我国清洁高效煤电机组大气污染物的超低排放标准，已高于世界主要发达国家和地区。第三，针对碳达峰碳中和的目标，可以通过提高下游煤炭利用对煤炭产品的质量要求，优化提高煤炭品质，提高煤炭利用效率，减少碳排放。提高工艺水平和管理水平、降低洗选工艺能耗可以间接降低碳排放。同时，积极推进煤炭第四次技术革命——煤矿智能化，使煤炭传统产业加快向数字化、智能化新产业和新业态转型，走安全清洁低碳利用的绿色智能化发展之路。总之，在未来一段相当长的时间内，煤炭仍将是我国能源革命的主力军，是可以清洁高效利用且最经济安全的能源[17]。

3 碳中和目标的提出

3.1 碳中和的定义

3.1.1 碳中和的定义与内涵

Q：1. 碳排放中的"碳"是什么？

A： 碳排放中的"碳"主要指二氧化碳（CO_2）和其他温室气体，《京都议定书》附件中强调了六种温室气体：二氧化碳（CO_2）、甲烷（CH_4）、一氧化二氮（N_2O）、氢氟碳化合物（HFC）、全氟化碳化合物（PFC）、六氟化硫（SF_6）[18]。

$$CO_2 \quad CH_4 \quad N_2O \quad HFC \quad PFC \quad SF_6$$

Q：2. 什么是碳中和？

A： 通过减排和固碳的方法，使碳的释放量与吸收量达到一种动态的平衡，保证排放到大气中的温室气体和通过各种途径实现大气中减少的量相一致，即为碳中和 [19]。

Q：3. 碳中和目标都包括什么？

A： 中国落实《巴黎协定》目标的国家自主贡献和气候雄心提振目标[20-22]：

项目	国家自主贡献目标（2015 年提出）	气候雄心提振目标（2020 年提出）
达峰时间	2030 年前后，力争 2030 年前	2030 年前
碳强度减少（2030 年相对于 2005 年水平）	60%～65%	65% 以上
非化石能源在一次能源消费的占比	20% 左右	25% 左右
风电、太阳能发电装机容量	没有具体涉及	达到 12 亿千瓦以上
森林蓄积量比 2005 年增加	45 亿立方米左右	60 亿立方米

Q：4. 碳达峰与碳中和的内在联系是什么？

A： 碳达峰是指全球、国家、城市、企业等主体的碳排放在由升转降的过程中碳排放的最高点，即碳峰值。碳中和，指企业、团体或个人测算在一定时间内直接或间接产生的温室气体排放总量，通过植树造林、节能减排等形式，以抵消自身产生的二氧化碳（CO_2）排放量，实现二氧化碳（CO_2）"零排放"。

要实现净零碳，意味着我们的碳达峰并不是要攀高峰、摸高峰，峰值越高越有利。实际上，峰值越高，净零碳将越困难。这是因为，化石能源利用的投资锁定效应强，比如现在投资建设的煤电厂，需要至少四十年才能经济理性地退出，再比如现在投资燃油汽车生产线，也不是十年二十年就可以收回成本的。这样，峰值不仅高，还会有一个很长的高峰平台期。如果尽快转型以实现削峰发展，就可以缩短峰值平台期，这样不仅可以高效率保护生态环境、实现高质量发展，由于其零碳导向，也更加有利于走向净零碳 [19-20,23]。

3.1.2 碳源与碳汇

Q: 1. 什么是碳源?

A: 碳源是指任何能向大气中排放碳的过程、活动或机制。在碳循环分析中，碳源主要包括化石燃料的燃烧、水泥的生产、化肥农药的施用、农作物秸秆处理、森林砍伐、草原开垦等引起的土地利用 / 土地覆被变化、动植物呼吸等过程和活动 [25]。

Q: 2. 什么是碳汇?

A: 碳汇是指吸收、固定二氧化碳（CO_2）的过程、活动 [24]。

Q: 3. 农业是碳排放源还是吸收汇?

A: 农业生产中，会产生碳排放，机械使用、生产化肥，但也存在碳汇过程（植物生长光合作用）。农业既是全球温室气体的重要排放源，同时又是一个巨大的碳汇系统。根据联合国粮食及农业组织（FAO）的数据统计，农业用地释放出来的温室气体超过了全球人为温室气体排放总量的 30%，但同时农业生态系统也可以抵消掉 80% 的因农业导致的温室气体排放 [25]。因此总的来说，农业是碳排放源。在当前的减碳减排趋势下，应通过各种手段鼓励农林部门，多采用生物质能源替代化石燃料等方式来间接减排，早日实现农业领域的碳中和目标。

3.1.3 碳循环机制

Q: *1. 地球上的碳是怎样循环的？*

A:

大气碳库

人类生活生产消耗地球在亿万年间积累的化石能源，释放大量的 CO_2 进入地球大气（主要）；生物的生命活动排放 CO_2（次要）。

大气碳库中的 CO_2 主要被绿色植物通过光合作用固定（森林、藻类），成为植物碳库。

人类排放

植物碳库

海洋碳库

CO_2 进入大气碳库，重新进入新一轮的循环。

绿色植物被动物或人类利用，剩下的进入土壤被土壤固定和吸收，参与生物的生长或储存为土壤碳库。

在海洋中，除与陆地相似的 CO_2 积累和消耗外，还接收通过河流来自陆地的碳的输入，共同形成海洋碳库。

土壤碳库

3.2 碳中和的建立

3.2.1 碳中和出现的标志

Q: 1. 我国碳中和理念是什么时候、由谁正式提出的？

A: 2020 年 9 月 22 日，国家主席习近平在第七十五届联合国大会一般性辩论上讲话时指出：应对气候变化《巴黎协定》代表了全球绿色低碳转型的大方向，是保护地球家园需要采取的最低限度行动，各国必须迈出决定性步伐。中国将提高国家自主贡献力度，采取更加有力的政策和措施，二氧化碳 (CO_2) 排放力争于 2030 年前达到峰值，努力争取 2060 年前实现碳中和。习近平总书记的讲话引起国内外的高度关注，也把碳中和议题拉入各界人士的视野 [26]。

Q: 2. 碳中和在哪些场合被强调提出？

A:

2020 年 12 月 16~18 日

中央经济工作会议将"做好碳达峰、碳中和工作"列为 2021 年的重点任务之一；

2021 年 3 月 15 日

习近平总书记主持中央财经委员会第九次会议，研究实现碳达峰、碳中和的基本思路和主要举措；

2021 年 4 月 30 日

习近平总书记在主持中共中央政治局第二十九次集体学习时强调，实现碳达峰、碳中和是中国向世界作出的庄严承诺，也是一场广泛而深刻的经济社会变革；

2021 年 5 月 26 日

碳达峰、碳中和工作领导小组第一次全体会议在北京召开 [25]。

3.2.2 碳中和目标的意义和任务

Q：1. 碳中和的意义是什么？

A：　碳中和的意义十分明确，即要求所有国家在一定时期内实现：人为活动排放的温室气体总量与大自然吸收的总量相平衡，有时候又称作碳中性。碳中和不是二氧化碳（CO_2）零排放，而是一个国家之内的温室气体净零排放，即温室气体排放与大自然所吸收的温室气体相平衡，其目的是维持大气层中的温室气体浓度大致稳定，不会导致地球表面温度的大幅变化，防止气候变化对人类赖以生存的地球家园的生态系统造成不可挽回的损害[27]。

Q：2. 碳中和对中国的意义是什么？

A：　2020 年 9 月 22 日，第七十五届联合国大会一般性辩论上，国家主席习近平指出：

"中国将提高国家自主贡献力度，采取更加有力的政策和措施，二氧化碳排放力争于 2030 年前达到峰值，努力争取 2060 年前实现碳中和。"

这一重大宣示，是党中央、国务院面对严峻复杂的国际形势，构建以国内循环为主体、国内国际双循环相互促进的新发展格局作出的重大战略抉择，影响深远和意义重大。从国内来讲，这一重大宣示为我国当前和今后一个时期，为 21 世纪中叶应对气候变化工作、绿色低碳发展和生态文明建设提出了更高的要求、擘画了宏伟蓝图、指明了方向和路径。从国际上来看，这一重大宣示展示了中国应对全球气候变化作出的新努力、新贡献，体现了中国对多边主义的坚定支持，不仅涉及应对气候变化和生态环境保护问题，更涉及能源革命和发展方式问题，彰显了中国积极应对气候变化、走绿色发展道路的决心和信心，为推动疫情后全球经济可持续和韧性复苏提供了重要政治动能和市场动能，充分展现了中国作为负责任大国推动各国树立创新、协调、绿色、开放、共享的新发展理念，建设全球生态文明，凝聚全球可持续发展强大合力，推动构建人类命运共同体的大国担当，受到国际社会广泛认同和高度赞誉 [27]。

Q： **3. 碳中和的首要任务是什么？**

A： 联合国政府间气候变化专门委员会（IPCC）发布的《全球升温 1.5℃特别报告》指出，碳中和的首要任务是：到 21 世纪末将全球气候变暖控制在 1.5℃。碳中和不仅控制气候变化，也是人类保护生态环境的根本措施，有助于保护生物多样性和生态系统，避免更多的物种灭绝 [28]。

4 碳市场与碳中和

4.1 碳市场

4.1.1 相关概念

Q：1. 什么是碳补偿？

A： 碳补偿可以定义为"碳排放主体以经济或非经济方式对碳汇主体或生态保护者给予一定补偿的行为"[29]。

主要特征

①碳补偿是碳排放主体通过经济手段消除碳排放外部性的行为。

②碳补偿实质上是对碳汇保护成本或放弃发展机会的损失的经济补偿。

③碳补偿是一种以碳为纽带的区域低碳发展的模式和手段，其目的是促进碳减排，实现区域公平和可持续发展。

Q：2. 什么是碳价？

A： 碳价是界定碳排放的社会成本，即将碳排放的外部性通过价格内在化，使得原来隐性的社会成本转为显性的生产成本，进而促使生产主体降低排放动机[26]。

Q: 3. 什么是碳税？

A: 碳税是指针对二氧化碳 (CO_2) 排放所征收的税。它以环境保护为目的，希望通过削减二氧化碳 (CO_2) 排放来减缓全球变暖。碳税通过燃煤和石油下游的汽油、航空燃油、天然气等化石燃料产品，按其碳含量的比例征税来实现减少化石燃料消耗和二氧化碳 (CO_2) 排放 [26]。

Q: 4. 碳税最主要的税目是什么？

A: 碳税的征税范围：在生产、经营和生活等活动过程中，因消耗化石燃料直接向自然环境排放的二氧化碳 (CO_2)。

从短期看，二氧化碳 (CO_2) 约占温室气体排放的 60% 以上，是最重要的温室气体，同时对二氧化碳 (CO_2) 进行征税较其他温室气体如一氧化二氮 (N_2O)、甲烷 (CH_4) 和臭氧 (O_3)、六氟化硫 (SF_6)、氢氟碳化合物 （HFC） 和全氟化碳化合物 （PFC） 等更容易操作。由于消耗化石燃料会产生二氧化碳 (CO_2)，因此碳税的征收范围实际上最终将落到煤炭、天然气、成品油等化石燃料的消耗行为上 [30]。

Q: 5. 什么是碳排放权？

A: 所谓碳排放权，是指企业依法取得向大气排放温室气体的权利。经当地环境厅（局）的气候变化管理部门核定，企业会取得一定时期内排放温室气体的配额。当企业实际排放量超出配额时，超出部分需花钱购买；当企业实际排放少于配额，结余部分可以结转使用或者对外出售 [31]。

Q：6. 什么是碳排放交易？

A： 碳排放交易是一种基于市场调节来实现其目标的环境规章制度政策，为相关国家和地区创新生产技术、降低自身排放提供了直接的经济激励，即运用市场经济来促进环境保护的重要机制[32]。

Q：7. 目前全国碳排放权登记主体是什么？

A： 根据《碳排放权登记管理规则（试行）》相关规定，全国碳排放权登记主体是重点排放单位及符合规定的机构和个人。

Q：8. 什么是碳排放配额交易？

A： 碳排放配额交易（CEA）即碳交易，是《联合国气候变化框架公约的京都议定书》为促进全球减少温室气体排放，采用市场机制建立的，以《联合国气候变化框架公约》为依据的温室气体排放权交易，其交易市场称为碳交易市场[33]。

Q：9. 碳排放权配额交易的计价单位是什么？

A： 生态环境部发布了关于《碳排放权交易管理规则（试行）》的公告，规定以"每吨二氧化碳 (CO_2) 当量价格"为碳排放配额交易的计价单位[34]。

Q：10. 什么是碳经济？

A： 碳经济通常是指低碳经济，是指在可持续发展理念的指导下，通过技术创新、制度创新、产业转型、新能源开发等多种手段，尽可能地减少煤炭、石油等高碳能源消耗，减少温室气体排放，达到经济社会发展与生态环境保护双赢的一种经济发展形态[35]。

Q: 11. 什么是低碳循环经济？

A: 低碳循环经济指依靠技术创新和政策措施，建立一种限制、减少温室气体排放的经济发展模式。其中，循环经济是以资源的高效和循环利用、环境保护为核心，以减量化、再利用、再循环为原则，以低消耗、低排放、高效率为基本特征的传统增长模式的根本变革，其实质是以尽可能小的资源消耗和尽可能小的环境代价，实现最大的发展效益[36]。

Q: 12. 什么是低碳投资？

A: 低碳投资是指投资于气候变化领域资产或开发气候变化相关的金融衍生品的投资银行与资产管理业务。

4.1.2 绿色金融

Q: 1. 什么是绿色金融？

A: 绿色金融是指囊括可持续发展项目、环保产品和政策，能够促进循环经济的金融投资的宽泛概念，包括促进绿色能源和减少温室气体排放的"气候金融"以及其他环境目标的融资活动[37]。

Q：2. 绿色金融需要依靠哪些主体推进？

A： 🏛 **政府主体**

　　首先是政府主体，中央政府在当前的绿色金融体系顶层设计中，建立符合国际规范、高效适用的环境社会标准，建立高度透明的环境信息披露制度。绿色金融需要透明性、有效性。一整套严密的环境信息披露机制是十分必要的，推动金融机构建立高标准的环境和社会风险评估体系。地方政府应进一步深化绿色金融改革创新，为绿色金融的发展提供具体的支持措施和市场条件。

🏦 **金融机构**

　　其次是金融机构，金融机构应结合现有的绿色金融体系和自身发展的实际状况，构建适用于自身的绿色金融制度，努力提升其在绿色金融产品研发、环境风险管理、可持续投融资等方面的能力和水平，重点支持生态友好型的绿色产业，创新并灵活运用绿色金融工具，建立绿色金融专营机构。

🏢 **企业**

　　再次是企业，企业主动开展绿色转型，培育绿色投资理念，注重节能环保技术创新 [38]。

Q：3. 绿色金融的关注点是什么？

A： 　　就目前发展而言，人们对于绿色金融的关注点仍主要集中在银行业，尤其是银行的信贷业务方面，即绿色信贷 [39]。重点关注节能环保、新能源生产和消费、绿色服务业等绿色产业领域投资机会，在促进绿色发展的同时，助力绿色金融发展。

你零碳了吗？

Q : 4. 绿色金融如何助力实现碳中和目标？

A : 在现实生活中，金融投资往往只注重短期利益，忽视长期的环境及社会影响。长期来看，绿色投资能降低减排成本，减少碳排放，对环境和社会形成正面影响，而这部分影响并未被纳入投资者的预期收益内。即绿色投资给社会带来的正外部性往往被忽视，导致对绿色金融的投资低于社会最优。因此，政府需要适当干预，以激励金融机构将潜在社会收益的绿色投资纳入其投资和风险管理的考量范围之内。

绿色金融的激励手段可以概括为两种。其一，是在拥有健全的碳排放交易市场的前提下，对全社会的可交易的碳排放总量及减排路径拟定一个长期目标，并为社会提供合理的碳交易市场的均衡价格预期。其二，是通过政府政策对金融市场进行干预，对绿色金融的相关行业进行补贴，以求矫正因绿色金融的正外部性带来的投资不足的问题 [40]。

4.2 全球碳市场发展

4.2.1 全球碳市场交易现状

Q : 1. 全球碳市场发展现状如何？

A : 截至 2019 年，全球共有 20 个碳排放权交易体系已经投入运行，6 个国家和地区正建设碳排放权交易体系，12 个国家和地区正在策划实施碳排放权交易机制。全球碳市场共覆盖了温室气体排放总量的 8% 左右，覆盖地区的国内生产总值（GDP）之和占全球国内生产总值（GDP）的 37% 左右，覆盖范围涉及电力、工业、民航、建筑、交通等多个行业，交易产品主要包括碳配额和核证自愿减排量 [41]。

Q: 2. 中国碳市场交易进展如何？

A: 碳排放权交易是利用市场机制控制温室气体排放的政策工具，也是中国实现碳达峰、碳中和愿景的重要抓手。

2011 年 10 月 29 日

国家发展和改革委员会办公厅发布《关于开展碳排放权交易试点工作的通知》，同意北京、天津、上海、重庆、广东、湖北、深圳 7 个省（直辖市）开展碳排放权交易试点。

2013 年 6 月 18 日

深圳碳市场率先启动。

2013 年 11 月 26 日至 2014 年 6 月 19 日

上海、北京、广东、天津、湖北、重庆碳市场陆续开市。

2016 年 12 月 22 日

福建碳市场开市，成为国内第 8 个碳交易试点。

2016 年 4 月 27 日

国家发展和改革委员会发出《温室气体自愿减排交易机构备案通知书》，同意将四川联合环境交易所纳入备案交易机构。

2017 年年底

以发电行业为突破口的全国碳市场启动。

2018 年 4 月

国务院碳交易主管部门由国家发展和改革委员会调整至生态环境部，生态环境部从推动碳交易立法、建立健全制度体系、加快基础设施建设、强化基础能力建设等方面，稳步推进全国碳市场建设。

2020 年 12 月 29 日

生态环境部发布关于印发《2019—2020 年全国碳排放权交易配额总量设定与分配实施方案（发电行业）》。

2021 年 7 月 16 日

全国碳市场正式上线。

Q：3. 我国碳市场的建设，对实现碳中和目标可以发挥什么作用？

A： **一是对资本的影响。**

引导巨量资本投向低碳项目，并可通过碳市场手段，把减碳效益转化为经济效益，真正践行"绿水青山就是金山银山"的理念。

二是对技术革新和发展有重大的促进作用。

要实现碳中和目标，必然会大幅度提升对先进技术的需求，而碳市场使减碳技术获得更高回报而得以不断更新和优化。有利于深入研究重大减碳技术需求并及早部署研发和推广。

三是碳市场对于提升全社会的减碳意识有积极影响。

随着未来全国碳市场全面铺开，减碳将成为全民行动，一旦全民积极主动参与，我国实现碳中和目标就会有根基、有保障[42]。

4.2.2 企业与碳交易市场

Q: 1. 碳汇交易对企业有什么意义？

A: 通过碳汇交易，企业的减排虽然在一定程度上受所得到的碳信用量的约束，但又有购买、出售"排放许可"的弹性空间，较之前以行政手段强制减排，此举赋予企业更多自主权，从而更有利于调动企业减排的积极性。企业可以根据自己的经营状况选择最有利于自身发展的减排策略。碳汇交易制度在其健康运转的状态下，能够促使企业改进技术，提高资源利用率或者改进排污的相关设施。这种状态应该是指改进技术的成本要低于其购买相应碳信用的成本，或者企业通过改进技术以减少碳排放、出售多余的碳信用能使其获得更多收益[43]。

Q: 2. 在我国，哪个行业最先开始试行碳排放权交易？

A: 发电行业作为温室气体排放量最高的行业，是首先纳入中国全国碳排放权交易体系的最佳选择。碳市场是实现低成本碳减排的重要途径，同时也能推动发电行业淘汰低效的燃煤电厂，促进发电行业的低碳转型。另外，发电行业具有便于碳市场主管部门管理的优势。相较于其他行业，发电行业工艺流程简单、产品单一，而且发电企业主要是大型国有企业，其排放数据管理更规范、更完善。

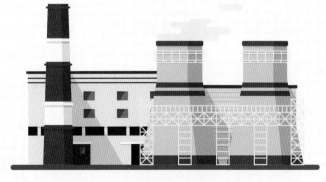

Q : 3. 碳中和涉及哪些行业？

A :

电力行业

中国电力行业的碳排放量约占能源行业碳排放量的 41%，是碳减排的关键所在，而火力发电是最主要的碳排放源头。在火力发电机组生产运行中，化石燃料燃烧、脱硫等关键环节，都会产生二氧化碳 (CO_2)。

钢铁行业

钢铁行业是继电力行业之后，我国第二大碳排放产业。2020 年，钢铁产业二氧化碳 (CO_2) 排放量占我国碳排放总量的 16% 左右。

石化行业

根据国家统计局能源统计数据和环境统计数据测算，2020 年，石化和化工行业碳排放总量为 13.78 亿吨二氧化碳 (CO_2)。其中，直接排放 9.18 亿吨二氧化碳 (CO_2)，电力排放 4.60 亿吨二氧化碳 (CO_2)。

建材行业

据 2020 年度中国建筑材料工业碳排放报告指出，2020 年，全国建材行业二氧化碳 (CO_2) 排放量约 15 亿吨，占我国碳排放量的 14.5%。其中，水泥行业二氧化碳 (CO_2) 排放量达 13.5 亿吨，占我国碳排放量的 13% 以上。

有色行业

有色行业中的一些高能耗产业如电解铝冶炼等，其耗电量约占国内全社会用电量的 6.57%，碳排放污染严重，仅次于黑色冶炼及压延行业 [44]。

造纸行业

造纸行业发展迅速，二氧化碳 (CO_2) 排放量从 2000 年的 0.6 亿吨上升到 2015 年的 1.52 亿吨。2015 年，我国碳排放总量为 90.85 亿吨二氧化碳 (CO_2) 当量，其中造纸行业碳排放量占我国碳排放总量的 1.67%。

航空行业

中国民航飞机碳排放占全国碳排放比重约 1%。

化工行业

2019 年，中国原油加工约 7 亿吨，其中汽柴油消费 2.7 亿吨，煤油燃料油消费 0.7 亿吨，其他（化工品、沥青等）3.6 亿吨，这些消费最终都成为碳排放。碳中和目标要想实现，必须减少石油的消费。

Q：**4. 哪些行业提出了碳中和目标？**

A： 钢铁行业、电力行业、石化行业、煤炭行业[45]。

Q：**5. 什么是清洁生产？**

A： 清洁生产是将综合预防的环境策略，持续应用于生产过程和产品中，以便减少对人类和环境的风险性，是关于生产或制造产品过程中，一种全新的、创造性的生产方式，与传统的末端污染防治策略不同，清洁生产是以清洁、无废或少废工艺为前提的生产[46]。

Q：**6. 涉及碳中和的上市公司有哪些板块？**

A： ①碳中和有益于其发展的企业。

为了实现碳中和，在降低碳排放系列政策引领下，节能环保、清洁能源等领域将迎来新发展机遇。而钢铁、水泥、石化、建材等传统高排放产业，或将面临新一轮供给侧改革，产线、设施更为先进的龙头企业有望占据竞争优势。发展新能源是降低碳排放的第一驱动力。中长期看，光伏、风能产业链、新能源汽车产业链及清洁设备行业是最大受益者。

②宣布要实现碳中和的企业。

苹果公司发布了《2020 年环境进展报告》，苹果目前在企业运营中已经实现了碳中和，主要是指苹果各地的办公室，数据中心和零售店都使用了 100% 的可再生电力。同时，苹果还承诺在 2030 年之前，会实现供应链和产品 100% 的碳中和。微软公司宣布将在 2030 年实现碳中和，2050 年偿还所有碳足迹。

Q：7. 碳中和涉及的产业机会有哪些？

A： ① **技术变革带来的市场份额变化是主线。**

包括光伏发电围绕效率提升、成本下降的技术竞赛持续白热化；大尺寸风机不断突破极限，以容量换取成本下降的途径；锂电池技术从高镍向固态演化；汽车电气化带来的机会。

② **数字化浪潮下，下游应用端新的商业模式可能是下一个投资主题。**

包括分布式装机降低发电门槛，打破发电二元结构；储能应用解决电网被动调节负担，以主动的发电平衡能力创造商业价值；新能源车智能化逻辑。

③ **选择穿越周期者，成长赛道中的传统行业。**

包括光伏行业的典型代表，如光伏玻璃、胶膜；新能源车领域如锂、铜、汽车玻璃。

Q： 8. 目前中国电力部门、工业部门、热力部门、交运部门，分别可以采取哪些措施实现碳中和？

A： 电力部门，通过提升清洁能源占比结构实现碳中和，且需要将以化石能源为主的能源结构调整为非化石能源为主的结构；工业部门，采取加速电气化、清洁能源、节能提效、碳捕获、利用与封存（CCUS）；热力部门，要求取暖行业热源侧清洁化，并建立智慧化管控平台，搭建"智慧热网"，实现精准供热；交运部门，采取提升新能源车渗透率。

Q： 9. 中国最大的碳排放行业是什么？

A： 据资料显示，中国碳排放榜单是：电力行业、石化、化工、建材、钢铁、有色金属、造纸、航空。

世界碳排放排名前三的是能源发电与供热行业、交通运输行业、制造业与建筑业。

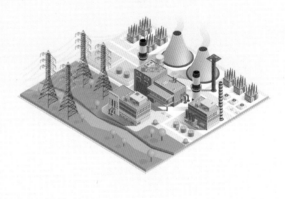

Q： 10.碳中和目标下,建筑部门需要实现什么目标？如何转型发展？

A： 建筑耗能一般包括采暖、空调、照明等，减少碳排放要从这些方面入手。在碳中和目标下，提高建筑能效。转型发展：改变建筑结构以及使用材料；在建筑上安装光伏组件和小型风机，使得建筑本身成为能源[47]。

Q : **11. 绿色建筑的建设主要包括哪些方面？**

A: 《绿色建筑评价标准》(GB/T 50378-2019) 规定，绿色建筑评价指标体系应由安全耐久、健康舒适、生活便利、资源节约、环境宜居 5 类指标组成。

Q : **12. 碳中和目标下，交通运输部门需要实现什么目标？如何转型发展？**

A: 碳中和目标下，交通运输应增加清洁能源的使用，降低化石能源的使用，从而降低碳排放，实现净零排放。转型发展：一是以清洁电力为基础的动力电池，应用于以道路交通为主的小型、轻型交通和铁路；二是氢能应用于重型道路交通和海运等；三是生物质能源主要应用于远程航空领域 [49]。

Q : **13. 企业可以通过哪些途径减少碳税成本支出？**

A: 政府在实施碳税政策后，必然会导致企业成本的增加，企业可以改变自身的生产经营计划，将生产经营的高能耗、高排放产品，转为低碳绿色产品。企业也可以进行减排技术的升级、设备更新，减少碳排放或者改善企业的能源结构，改善生产技术，更新生产设备，提高能源的使用效率，大幅度减少高碳原材料的使用。创新给企业带来的收益是非常巨大的，企业如果能够在碳减排的压力下做出创新，有利于扭转碳税导致企业成本增加的情形 [50]。

Q : **14. 需求侧管理对碳中和目标有什么意义？**

A: 有利于优化用能，减少用能，从源头减少碳排放 [50]。

5 林草业与碳中和

5.1 林草碳汇

5.1.1 相关概念

Q：1. 什么是森林碳汇？

A： 森林碳汇是指森林植物吸收大气中的二氧化碳（CO_2），并将其固定在植被或土壤中，从而减少该气体在大气中的浓度。森林是陆地生态系统中最大的碳库，在降低大气中温室气体浓度、减缓全球气候变暖中，具有非常重要的独特作用。

Q：2. 什么是林业碳汇？

A： 林业碳汇是指通过植树造林、改善森林管理、减少毁林、保护和恢复森林植被等林业活动，吸收和固定大气中二氧化碳（CO_2）的过程、活动或机制，进而减少空气中二氧化碳（CO_2）浓度的过程[51]。

Q：3. 什么是森林全口径碳汇？

A： 森林全口径碳汇 = 森林资源碳汇（乔木林 + 竹林 + 特灌林）+ 疏林地碳汇 + 未成林造林地碳汇 + 非特灌林灌木林碳汇 + 苗圃地碳汇 + 荒山灌丛碳汇 + 城区和乡村绿化散生林木碳汇[52]。

Q : 4. 什么是草原碳汇？

A : 草原碳汇指利用草原植物，通过光合作用将大气中的二氧化碳（CO_2）吸收，并固定在植被和土壤当中，从而减少大气中二氧化碳（CO_2）浓度的过程[53]。

5.1.2 林草固碳过程

Q : 1. 树木如何固碳？

A : 二氧化碳（CO_2）是林木生长的重要营养物质，树木通过光合作用吸收大气中的二氧化碳（CO_2），在光能作用下将其转变为糖、氧气（O_2）和有机物，为生物界提供枝叶、茎根、果实、种子，提供最基本的物质和能量来源。这一转化过程，就形成了树木的固碳效果。

Q : 2. 树木固碳释氧有哪些具体体现？

A : 树木每生长 1 立方米的蓄积量，平均吸收 1.83 吨二氧化碳（CO_2），释放 1.62 吨氧气（O_2）。一棵树平均每天能吸收 15 千克二氧化碳（CO_2），1 公顷森林一天所释放的氧气（O_2）足够七八百人一天吸用。

吸收 1.83 吨
二氧化碳（CO_2）

释放 1.62 吨
氧气（O_2）

Q: 3. 草地如何实现碳汇？

A: 草地总碳库包括植物碳库和土壤碳库。

植物碳库又分为地上碳库和根系碳库，土壤碳库则包括土壤有机碳和土壤无机碳。相对于高大的森林树木来说，草地丰富的植被类型和庞大复杂的地下根系，都是实现碳汇的重要武器。草地植物一般离地面较近，植株间的遮挡较小，植物得到的光照面积较大，且植物体中绿色部分比重较高，这使得草地植物进行光合作用的效率和生长速度都高于森林树木。

此外，庞大复杂的地下根系是草地植物的重要组成部分，草地植物地下总生物量往往大于地上生物量。它们主要由光合作用所形成的有机物构成，是植物体中最为稳定的碳库。草地植物吸收空气中的二氧化碳（CO_2），将其固定在土壤和植被中，制造并积累生长所需的有机物质。草地植物枯死后，一部分凋落物经腐殖化作用，形成土壤有机碳固定在土壤中。部分有机碳经过土壤动物和土壤微生物的矿化作用，被植物再次利用，从而构成了生态系统内部碳的生物循环[54]。

5.1.3 林草固碳优势

Q: 1. 为什么说森林是陆地生态系统中最大的碳库？

A: 森林是陆地碳汇的主体，约贮存了陆地 2/3 的碳。例如，美国年固碳量为 149 百万 ~330 百万吨 / 年，其中，森林、城市树木以及木材制品年碳储量的比例是 65%~91%。

Q：2. 木材对碳中和有什么贡献？

A： 采伐更新过熟林木是增加森林碳汇的有效途径，从减少排放的角度看，以建筑木材替代高排放的钢筋水泥材料，可以减少二氧化碳（CO_2）排放，起到减排作用；从固定碳汇的角度看，树木被采伐后用于建筑和家具可以把碳汇锁定在建筑和家具中，起到长期固碳的作用；从新增碳汇的角度看，采伐树木后的林地重新种植树木，新增树木的生长会吸收二氧化碳（CO_2），起到增加碳汇的作用。

Q：3. 中国人工林中，哪些树种对碳中和贡献较大？

A： 杨树林和桉树林每年的碳储量增量最大，但是碳中和是一项长期工作，年固碳量最大并不代表其总体贡献就大，所以以杨树、桉树为代表的这一类生长快速的树种，只能说短期固碳效益高。从长期来看，适应各个地方自然条件（乡土树种）、生命周期长的树种就是对碳中和贡献大的树种，在造林学上这个原理叫"适地适树"原则。

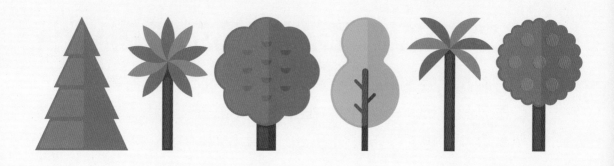

Q : 4. 林业碳汇的优势有哪些？

A : **①具有多重效益。**

林业碳汇的增加，涉及林木植被的恢复、管理及保护等。农民参加这些活动，可以增加就业机会，获得经济收入，提高和改善生活质量；林内植被增加，有利于生物多样性保护；此外，保护和发展林业资源，对建设生态文明、提供更丰富的生态产品、维护国家生态安全和改善环境起到不可替代的作用。

②林业碳汇概念是绿色标签。

植树造林能吸收二氧化碳（CO_2）是普遍认识，林业碳汇这种具备公益性、真正绿色的碳权进入碳交易系统，容易被社会公众理解、接受和推广。与之相比，工业碳减排项目则涉及复杂的科学技术和生产流程，普通公众对其认识能力有限，更不容易参与。

③林业碳汇已经实现了从产生到分配的一系列实践活动。

在成功组织实施全球首个林业碳汇清洁发展机制(CDM)项目的基础上，国家林业局参照联合国政府间气候变化专门委员会（IPCC）指南，建立了与国际接轨并具有中国特色的碳汇造林系列标准，包括已经发布使用的碳汇造林项目方法学、竹林造林碳汇项目方法学及森林经营碳汇项目方法学等。此外，已初步形成了林业碳汇从生产、计量、审定、注册、交易、监测、到核查等管理体系，并于 2011 年 11 月成功进行了我国第一单最大量的林业碳汇交易，以阿里巴巴为首的 10 家企业购买了14.8 万吨碳权指标，为促进企业自愿减排和参与碳中和，探索了具有中国特色的有效途径。

Q：5. 我国乔木碳储量现状如何？

A：①第八次森林资源清查期间，中国乔木林总碳储量为 84.27 亿吨，碳密度为 37.28 吨 / 公顷。乔木林碳储量按区域大小划分依次为：西南（2449.06 百万吨）＞东北（1282.04 百万吨）＞华北（660.28 百万吨）＞华南（632.53 百万吨）＞华中（542.31 百万吨）＞西北（430.61 百万吨）＞华东（138.84 百万吨）。东北地区和西南地区是我国乔木林面积最大的两个区域，单位面积蓄积量、碳密度和碳储量也是最大。中国乔木林碳储量较大的分别是西藏、云南、黑龙江、四川、内蒙古和吉林，均占全国的 5% 以上，六个省（自治区）合计占全国乔木林碳储量的 65.47%。乔木林碳密度较大的分别是西藏、新疆、吉林、云南、青海、海南和福建，碳密度均大于 39 吨 / 公顷，高于全国平均水平。

②中国乔木林不同林龄组的碳储量大小依次为：中龄林（1720.03 百万吨）＞成熟林（1442.11 百万吨）＞近熟林（1265.29 百万吨）＞过熟林（924.93 百万吨）＞幼龄林（783.32 百万吨），分别占总碳储量的 28%、23%、21%、15% 和 13%。中国乔木林不同龄组碳密度大小依次为：过熟林（87.43 吨 / 公顷）＞成熟林（66.27 吨 / 公顷）＞近熟林（48.99 吨 / 公顷）＞中龄林（32.38 吨 / 公顷）＞幼龄林（14.69 吨 / 公顷），表现出林龄越大碳密度越高的趋势。

③第七次和第八次全国森林资源清查的 5 年间隔期间，中国乔木林碳储量由 5549.95 百万吨增长至 6135.68 百万吨，增加了 585.73 百万吨，增幅为 10.55%；碳密度由 35.67 吨 / 公顷增长至 37.28 吨 / 公顷，增加了 1.61 吨 / 公顷，增幅为 4.51%。其中天然乔木林和人工乔木林碳储量分别增加了 206.82 百万吨和 378.91 百万吨，碳密度分别增加了 1.83 吨 / 公顷和 2.52 吨 / 公顷 [55]。

注：1 百万吨 =10^{12} 克

Q：6. 固碳量高的常见绿化树种有哪些？

A： 单位土地面积水平上固碳量高且挥发性有机化合物（VOC，对灰霾的形成有极大贡献）排放量较小的绿化树种：①北方树种：新疆杨、沙枣、榆叶梅、火棘、槐等。②南方树种：无患子、冬青、樟、玉兰、鹅掌楸等。

Q：7. 我国草原碳汇的能力如何？

A： 草原在我国碳中和领域中起着相当重要的碳汇集作用，一方面，草原以其广阔的面积和较强的适应能力在我国广布，占国土面积的 2/5；另一方面，草本植物光合作用效率和物质积累速度较快，使得其拥有较强的碳固定能力。因此，草原碳汇是我国陆地生态系统中对于森林重要的互补部分，拥有较强的碳汇能力。

从植物层看，我国草原植物年生长量约为 10 亿吨（鲜草），折合有机干物质 2 亿 ~2.5 亿吨，其固碳量能达到 0.9 亿 ~1.13 亿吨。据相关研究，草原土壤层的碳储量一般是植被层的 15~20 倍，即使以 15 倍计算，我国草原植物层和土壤层的总固碳能力应该达到近 20 亿吨（平均每公顷 5 吨），折合二氧化碳 (CO_2) 约 73 亿吨，是我国所确定的未来 5 年二氧化碳 (CO_2) 排放目标（15 亿吨）的 4.87 倍 [56-57]。

Q：8. 我国草原碳汇的潜力如何？

A： 我国草原的大面积退化导致土壤有机碳的减少，使得我国许多地方的草原生态系统碳库处于一种较低的水平，而草地管理措施能有效地增加土壤有机碳含量。这些管理措施包括人工种草、围封草场、适度放牧和鼠虫害治理等。

首先，种草可以改变土地类型并增加固碳能力。

其次，我国中、重度退化草原面积仍占 1/3 以上，通过实施禁牧轮休、草畜平衡等方式恢复草原固碳能力，可新增碳汇量 40 亿~60 亿吨，约为植树造林的 1.4 倍。

再次，在单位时间、单位面积内，草可以反复收割，其固碳能力比树强。通过新技术将速生碳汇草开发成砖头等耐用产品和新材料，从而新增大量碳汇[58]。

Q : 9. 草原碳汇的特点有哪些？

A : ①**草原是光合作用的最大载体。**我国草原占国土面积的 2/5，是面积最大的绿色生态资源，且植物体中绿色部分的比重一般高于其他植物，这使得其进行光合作用的效率也更高，生物量增长速度也更快，对碳的固定能力也更强。

②**相对比较稳定。**碳储量较为丰富的草原大多分布在高寒、高海拔、人口密度低、经济开发强度弱的地区，人类活动干扰少，特别有利于碳的积累。

③**对森林碳汇发挥互补和促进作用。**由于气候等原因，草原与森林大多分布于不同地区，在碳汇方面可以起到空间互补的作用，从而提高植被总体碳汇能力。此外，分布于林下或周边的草原植被，能帮助森林固定所依存的土壤，并和森林一起发挥涵养水分、固碳释氧的作用，促进森林碳汇[59]。

Q： **10. 草原碳汇的优点是什么？**

A： ①草原固碳成本相对低廉，维护成本较森林低，固碳形式比较稳定。

②草原是面积最大的绿色资源，固碳能力强劲。我国草原面积居世界第二位，是我国国土面积的 2/5，是我国森林面积的 2.5 倍。

③草原植物适应性更强，对森林固碳起着促进和互补的作用。森林不能代替草原固碳，在一些土壤贫瘠、降水不足等不适宜森林生长的地区，却是我国草原的主要分布区和人工草地的适宜发展区 [60]。

Q： **11. 草原碳汇市场的经济效益如何？**

A： 草原碳汇市场能带来的经济效益不亚于森林碳汇市场，特别是草原的固碳成本更低廉，固碳形式也非常稳定。我国草原面积大，碳汇资源丰富，每年草地固碳量约可以抵消全国碳排放量的 25%，具有较大的碳交易市场潜力 [56]。

5.2 林草助力碳中和

5.2.1 林草支持碳中和的必要性

Q：1. 林业碳汇的重要性是什么？

A： 森林是陆地碳汇的主体，人工林中的乔木、灌木、草本层以及苔藓等通过进行光合作用，捕捉和贮存大气中的二氧化碳 (CO_2)，植物体内的二氧化碳 (CO_2) 不会立即重新排入大气中，降低二氧化碳 (CO_2) 实际排放量或者增加环境固碳量，可以减少大气中二氧化碳 (CO_2) 的浓度。

森林经营活动是抵消二氧化碳 (CO_2) 排放的一种独特方式，森林管理固碳方法当中，造林被公认为是一种效益高、成本低、环境友好型固碳策略。

研究表明，在地球上合理的土地范围内开展大规模的植树造林活动，结合树木的碳捕获潜力，是以最低成本实现将全球气温升幅控制在 1.5℃内的最佳途径之一。

Q：2. 林业对碳中和目标的重要意义是什么？

A： 森林是重要的经济资产和环境资产，作为林业产品可以产生经济价值；作为生物可以固定二氧化碳 (CO_2)；其产生的生物能源替代化石燃料可以减少二氧化碳 (CO_2) 排放；在碳交易市场的平台上，林业通过对气候变化做出的贡献实现其经济价值。

Q：3. 在碳中和过程中，草原为何也同样重要？

A： 森林、草原、湿地等陆地生态系统吸收了 25%~30% 的人类活动导致的二氧化碳 (CO_2) 释放量。草原是我国仅次于森林的第二大碳库，碳储量（含沼泽草地）占陆地生态系统碳储量的 40%。我国草原碳汇具有巨大潜力，合理的草原政策和科学的草原保护修复措施能够显著提高草原增汇减排功能，在完成碳达峰和碳中和目标中发挥重要作用。国内外专家对草原碳汇进行了大量研究，相关研究结果显示，全世界陆地生态系统有机碳储量分布中，我国草原总碳储量 300 亿～400 亿吨，每年固碳量约 6 亿吨 [61]。

Q：4. 研究草原碳汇经济的意义是什么？

A： ①有利于增强民众的生态意识和可持续发展意识，转变草业经营观念；

②有利于探索我国草原生态补偿新途径，完善我国草原生态补偿机制；

③有利于我国草原生态安全的建设；

④有利于我国碳汇工作和草原碳汇交易启动，促进我国草业的发展 [62]。

Q：5. 草原在我国国土中的地位如何？

A： 我国现有草原总面积约 4 亿公顷，是我国面积最大的绿色生态屏障，坚守着森林植被难以延伸的干旱、高寒等自然环境最为严酷、生态环境最为脆弱的广阔领域 [63]。

5.2.2 林草业面临的挑战与机遇

Q：1. 在碳达峰目标与碳中和愿景的背景下，林业将迎来怎样的发展机遇？

A： ①有利于全面提升我国林业现代化建设水平，加快实施国家生态安全屏障保护修复、天然林资源保护、湿地保护与恢复等重点工程，为将林业现代化建设目标纳入国家现代化建设总目标提供了新的通道和路径。

②有利于进一步完善中央财政造林、森林抚育、森林保护的林业补贴政策，逐步扩大补贴规模，提高补贴标准，为积极推动建立地方财政森林经营补贴制度提供了依据。

③有利于建立健全林业减排增汇金融支持体系，将林业碳信用纳入金融产品开发系列，引导金融机构开发与林业减排增汇项目特点相适应的金融产品。

④有助于将具有减缓和适应气候变化效益的林业减排增汇项目，纳入国家气候投融资项目库，由此拓宽林业发展的融资渠道。

⑤有利于进一步建立和完善我国的生态产品价值实现机制，深入践行"绿水青山就是金山银山"的理念，探索林业减贫和扶贫创新模式。

Q: **2. 面对碳达峰、碳中和任务，林业所面临的挑战有哪些？**

A: ①如何加大干旱地区造林和可持续森林经营技术的科技攻关，加快现代林业建设水平，提升干旱、半干旱地区的造林技术水平及提高森林质量和增汇潜力的森林可持续经营技术。

②如何进一步调动全社会造林的积极性，改革财政性补贴政策，加大造林绿化的社会力量，使更多的企业和个人履行植树义务。

③如何在推进森林、湿地和草原生态系统应对气候变化林业行动的同时，兼顾国家生态安全目标、生物多样性保护，以及减缓社区贫困等社会可持续发展目标，发挥协同效应。

④如何建立基于市场的林业碳汇管理机制和开发适应更广泛的林业碳汇项目类型或林业碳信用产品的方法学，为林业碳汇项目或林业碳信用的开发提供政策和技术支持。

Q: **3. 林业增汇减排的路径有哪些？**

A: 林业增汇减排主要是通过增加保护森林面积、提高森林质量、减少森林火灾和森林病虫害，以及增加湿地、草原等生态系统的储碳功能等路径来实现，是一种基于自然的气候解决方案。

林业碳汇交易通过市场机制将林业碳汇的生态价值转化为经济价值，是一个生态产品经济价值实现的过程。与能源、工业等领域的碳减排与碳中和路径不同，林业增汇减排的路径在发挥减缓气候变化的碳效益同时，还发挥着保护生物多样性和生态系统、增加生计和减缓社区贫困的综合效益。

Q： **4. 在森林经营管理中，提高森林碳汇能力的措施有哪些？**

A： ①及时伐除过熟木、枯立木、病腐木，不让碳汇变碳源。树木进入过熟期，其生长量和木材质量明显下降，固碳能力也开始大幅下滑。

②选择培育寿命长、经营周期长的林木作为培育对象，森林中寿命长的树木越多，越能够保持少量、平稳、均衡的碳汇状态。

③科学经营森林，持续增加单位面积蓄积量和生长量。在正常情况下，森林单位面积的蓄积量越大，其生长量也会越大。森林的生长量越大，其固碳能力也会增强。

④适时实现森林更新。通过造林、再造林适时实现森林更新，是增加森林碳汇的重要措施。

⑤充分挖掘林地生产潜力，提高森林生物量。林地的生产能力越大，森林的固碳功能就越强，保持和提高林地生产能力的主要措施：一是不过量采伐，保持良好可持续的森林环境和较高的公顷蓄积量；二是一切经营活动都不得造成森林植被的破坏；三是采伐剩余物和其他物质不得大量移出林外，以保持森林生态系统的能量循环和林地肥力。

⑥对过密林分适时疏伐，减少树木的自然枯死，从而减少森林自身的碳排放。

⑦减少对森林的人为干扰，采用"近自然育林"技术。一切作业方式都主张借用自然力量，顺势而为，这种作业方式可以极大地减少森林的碳排放。

⑧加大林区基础设施建设，提高森林经营效率和管理水平。加大以林路为中心的林区基础设施建设，提高森林经营效率和管理水平，提高抵御灾害能力，保持森林健康。

⑨加强观测样地建设。积累碳活动对森林变化的响应数据，不断完善森林经营技术，以便得出提高碳汇能力的最佳措施。

Q：5. 碳中和背景下，林业该如何做？

A：

一是植树造林，扩大造林面积。

二是精准提升，提高森林生物量。

三是硬核保护，增强森林系统功能。

四是科学利用，发挥森林效益。

五是创新机制，提升森林生态保障能力。

六是合理利用木材和木产品，宣传并推广竹木制品碳库的碳汇功能。

Q：6. 我国草原碳汇会受到哪些因素的影响？

A： ①**草场沙化、退化。** 由于人口众多，有些省份依靠内陆河生存，上游截水，下游的草场就会因为供水不足而逐步消退，以及牧民过度放牧。

②**生物多样性问题。** 由于畜牧业发展，牧民对于草原的依赖程度加深，普遍存在草原利用不合理、保护不到位的现象，使草原中多种植物消退。

③**草场盐渍化问题。** 有些草原地区地势低，地下水位高，地表层的盐分较高，牧草难以生长，导致草原生产能力下降[64]。

Q : 7. 草原碳汇发展的限制性因素可能有哪些?

A: 草原面积减少,碳汇潜力降低;草原退化严重,固碳能力下降;建设资金不足,草地生态功能减弱[65]。

Q : 8. 如何充分发挥草原固碳功能,使之成为更大、更稳定的碳库?

A: ①树立"大碳库"理念,重视森林也重视草原。

②加大政策和投入力度,不断增强碳库能力。如加大林草工程建设力度、加快实施草原生态补偿政策等。

③强化草原依法管理,维护草原碳库稳定。

④重视草原固碳研究,提高科技支撑水平[66]。

5.2.3 林草碳汇项目的发展

Q : 1. 我国用于碳交易的林业碳汇项目类型有哪些?

A: 目前,我国碳排放权交易市场和温室气体国家核证自愿减排量(CCER)市场对林业碳汇项目的类型没有具体的限制和规定,但要求进入碳市场的林业碳汇项目所采用的方法学需经国家主管部门批准和认可。截至目前,国家发展和改革委员会批准备案的林业碳汇项目方法学有 5 个,适用的项目类型有碳汇造林、森林经营、竹子造林、竹林经营及小规模非煤矿区生态修复等项目类型[67]。

Q : 2. 我国林业碳汇项目参与碳市场交易的途径有哪些？

A : **① 强制减排。**

主要是帮助减排成本较高的控排企业以较低成本实现减排目标。前提是在政策层面上，将林业碳汇项目的碳汇量纳入抵消机制。

② 自愿减排。

市场主体（公司、政府、非政府组织、个人等）不是基于强制减排目标，而是基于自愿的原则，为提升形象或履行社会责任，通过购买林业碳汇项目产生的碳汇量来抵消生产、生活、消费、旅行等产生的二氧化碳（CO_2）排放量，从而实现碳补偿或者达到碳中和的目的。

Q : 3. 林业碳汇项目周期完成后，新老项目如何更新迭代？

A : 只有处于生长阶段的森林才具有较强的二氧化碳（CO_2）吸收能力，较老的森林仅有作为碳池碳存储的功能。老树可以被砍伐，因为老树中存有大量二氧化碳（CO_2），需要合理利用。被砍伐的地方可以立刻重新种树，并通过再造林重新开发碳汇林业。

Q： 4. 国内林业碳汇项目存在哪些问题？

A：　　① 资金来源渠道单一。

碳汇林不仅仅是追求经济效益，这导致在当前经济发展模式下，要通过市场获得开展碳汇林业所需资金渠道较少。资金来源不足直接导致林区基础设施建设的落后，使营林成本过高，新技术难以推广。

② 林业碳汇供需不畅。

从供给方面看，林业碳汇的生产专业性较强，有严格的方法学要求。我国现在还没有统一的标准和规范，有大量没有按照标准和规范实施的造林项目在提供实际上不可交易的碳权。这使林业碳汇的供给状况比较混乱。从需求方面看，由于现在企业减排动力不足且有大量的工业减排项目产生的碳权存在，对林业碳汇的需求难以充分体现。

③ 纳入碳交易试点方案滞后。

我国各试点区域纷纷出台碳排放权交易试点的方案。这些涉及减排企业或单位可以购买一定比例的核证自愿减排量来抵扣自己的部分排放量。但这只是从"碳源"角度设计的方案，影响温室气体浓度的"碳汇"角度并未被考虑在内。目前，如何把林业碳汇产生的合格碳权，纳入碳交易试点方案还没有明确。

④ 经营方法学急需开发。

通过营造林增加碳汇的方法要受到项目实施地面积的限制，但是我国落后的森林经营水平却给增加林业碳汇提供了新的可能途径。我国森林经营工作滞后已成为我国林业与发达国家林业最主要的差距。这也直接导致我国现有林的碳汇能力低下。据测算，我国森林固定二氧化碳 (CO_2) 能力平均为 91.75 吨 / 公顷，大大低于全球中高纬度地区 157.81 吨 / 公顷的平均水平。

6 人类助力碳中和

6.1 新能源发展

6.1.1 新能源与碳中和关系

Q: 1. 碳中和目标下，天然气有多大发展空间？

A: 在碳中和目标下，我国需要加快能源结构转型和清洁低碳能源供应体系建设，天然气作为清洁能源中的重要组成部分，使得天然气这种清洁能源的需求日益增长，当前中国经济基本面长期向好，天然气需求内生增长空间广阔；并且油气体制机制改革关键性政策落地，为天然气行业发展开创了新局面[68-69]。

Q: 2. 碳中和后，就不用石油了吗？

A: 并不会。一方面，新能源产业作为石油产业的替代者，自身仍面临技术瓶颈；另一方面，碳达峰、碳中和政策是一个循序渐进的过程，新能源产业对石油产业的替代不可能一蹴而就；此外，石油作为化工原料，目前还不具有可替代性，石油需求与新能源需求将在较长时间里并驾齐驱，共同推动全球经济发展。根据相关数据，我国原油消费占比近10年基本稳定在18%~19%。后期来看，我国能源转型中最大的替代将出现在煤炭方面，原油的消费变化将集中在"油转化"方面。简言之，原油下游流向成品油的将减少，流向化工品的将会增加。

Q: 3. 什么是绿氢？

A: 　　用可再生能源发出的清洁电再电解水制氢，这个氢叫作绿氢[70]。绿氢替代化石燃料燃烧，实现能量转化是能源行业减排技术研发的重要方向。

Q: 4. 什么是氢经济？

A: 　　氢经济是以氢为能源来推动的经济，氢能具备电能和热能所缺乏的可储存性，使得氢成为最好的可再生能源的二次载体，可以将不稳定的可再生能源转化为氢能储存起来，便于持续稳定地使用，因而，从某种角度来说，发展氢能是发展可再生能源的先决条件。氢能利用的广泛普及一方面可以解决能源行业改革导致清洁能源发电比例加大、储电压力日益提高的问题，另一方面氢能本身作为清洁能源的一种可以大大减少各种能量转化过程中的直接二氧化碳 (CO_2) 排放量，是碳中和背景下低碳经济发展的重要组成部分。

Q: 5. 实现碳中和目标有现成技术吗？

A: 　　现有的碳中和方法包括自然解决方法和工业解决方法，自然解决方法主要是依靠植物的光合作用固定二氧化碳，增加生态系统碳储量达到固碳目的。工业解决方法主要是利用碳捕集、利用与封存技术（CCUS）将二氧化碳从工业或其他排放源中分离出来，并运输到特定地点加以利用或封存，以实现被捕集二氧化碳与大气的长期隔离[42]。

Q: **6. 需要哪些方面的新技术突破？**

A: 一是重点突破零碳电力技术，推动工业、交通、建筑电气化进程；二是加快推进非电能源技术的研发与商业化进程；三是继续发展节能节材技术与资源产品循环利用技术；四是要加速碳捕集利用与封存(CCUS)等增汇或负排放技术的研发与应用；五是推动以碳中和为目标的技术融合优化的研发与工程示范[71]。

6.1.2 新能源的地位

Q: **1. 新能源在碳中和进程中是什么地位？**

A: 新能源是第三次能源转换的主角，也在碳中和进程中发挥主导作用。新能源是指在新技术基础上加以开发利用，接替传统能源的非化石无碳、可再生清洁能源，主要类型有太阳能、风能、生物质能、氢能、地热能、海洋能、核能、新材料储能等。随着新能源技术快速发展和"互联网+"、人工智能、新材料等技术不断进步，新能源产业处于突破期，逐渐进入黄金发展期。发展新能源，推动能源结构转型是实现碳中和的关键[3]。

Q： **2. 新能源为什么是碳中和的主导？**

A：　　从能源生产和消费结构看，世界能源已形成煤、油、气、新能源"四分天下"的格局。研究预测，到 2030 年将是新能源的转折年，多种新能源成本下降至可与化石能源竞争，能源去碳化趋势持续加强。预计到 2050 年，世界一次能源消费量基本与 2030 年持平，其中煤炭占 4%、石油占 14%、天然气占 22%、新能源占 60%，世界能源消费结构发生根本性变化，形成以新能源为主的"一大三小"结构，新能源将超过煤炭、石油、天然气，成为主体能源[3]。

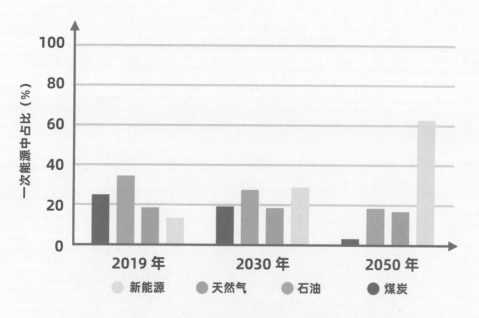

2019—2050 年全球能源结构变化趋势图[3]

6.1.3 新能源作用

Q：1. 新能源在碳中和进程中的作用是什么？

A：　　太阳能、风能、水能、核能、氢能等是新能源的主力军，助力电力部门降低碳排放。预计到 2030 年左右，大部分新建光伏发电、风电项目平均投资水平将低于新建煤发电厂，几乎所有亚太市场都可实现光伏、风能发电成本低于煤发电。预计到 2050 年，新能源发电可满足全球电力需求的 80%，其中光伏发电和风力发电量累计占总发电量的一半以上。绿氢是新能源的后备军，助力工业与交通等领域进一步降低碳排放。到 2030 年左右，绿氢有望比化石燃料制氢更具成本优势。到 2050 年，全球氢能占终端能源消费比重有望达到 18%，绿氢技术完全成熟，大规模用于难以通过电气化实现零排放的领域，主要包括钢铁、炼油、合成氨等工业用氢，以及重卡、船舶等长距离交通运输领域 [3]。

Q：2. 可再生能源对实现碳中和目标有什么作用？

A：　　可再生能源包括太阳能、风能、水能、核能、氢能等，这些能源开发利用成本远低于化石能源，且总体发电水平高于化石能源。这些可再生能源的利用是中国实现碳中和的重要举措，通过优化能源结构利用可再生能源降低碳排放，从而加快实现碳中和目标 [72]。

Q : 3. 核电对实现碳中和目标有什么作用？

A: 　　发展核电行业被认为是我国实现碳中和的一个重要选择，在核电稳定运行的过程中，不会产生二氧化硫、氮氧化物和颗粒物等污染物，没有二氧化碳 (CO_2) 等温室气体排放，这对于降低碳排放具有重要的作用[73]。

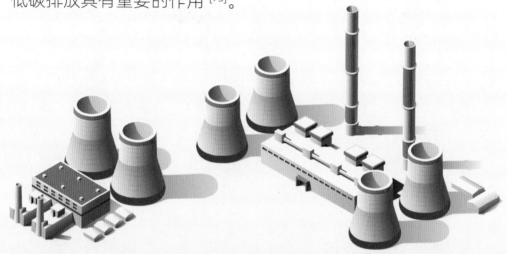

Q : 4. 储能技术对实现碳中和目标可以发挥什么作用？

A: 　　2030 年前碳达峰意味着届时风电、太阳能发电总装机容量须达到 12 亿千瓦以上，按照过往增速，2030 年之前填平风光发电缺口应该有很大可能性，但风光项目不稳定性很高，如果能够在风能、光能十分充足时将其储存起来，就可大大减少天气因素的意外干扰，顺利实现或者超过 12 亿千瓦的风光电装机容量。实现碳达峰、碳中和除了大力增加风能、光能等非化石能源使用比重外，更应发挥储能市场的重要作用[74]。

6.2 社会助力碳中和

6.2.1 环境友好型社会

Q: 1. 环境友好型社会是由什么组成的？

A: 由环境友好型技术、环境友好型产品、环境友好型企业、环境友好型产业、环境友好型学校、环境友好型社区等组成。

Q: 2. 环境友好型社会的核心是什么？

A: 以遵循自然规律为核心。

Q: 3. 建设环境友好型社会的基本途径和措施是什么？

A: ①创新企业发展模式，落实环保生产主体。

②解放社会建设思想，创新环保建设道路。

③建设资源节约模式，营造环境保护氛围。

④积极探索发展循环经济的有效模式。

⑤大力发展和应用绿色科技。

⑥不断激发市场主体的积极作为[75]。

Q: 4. 建设资源节约型、环境友好型社会有什么意义？

A: 生态环境保护问题日益受到人们的重视，建设资源节约型、环境友好型社会，是生态环境治理工作开展的源头，同时也是解决好气候变化问题的最终导向，是造福子孙、实现长治久安发展的重要路径[76]。

Q : 5. 什么是公民的环境权利？

A :　　公民的环境权利（或称为公民环境权）是指公民拥有享有良好环境的权利，通常包括环境使用权、知情权、参与权和请求权。它区别于：①公民、集体或国家对环境资源的开发和利用权；②国家在环境保护过程中拥有的立法、行政和司法的权力；③司法上与环境保护相关的所有权、人身权和相邻权；④传统人权理论中的生存权和发展权。在当今国际社会，公民的环境权利作为一项新兴的基本人权而受到广泛关注[76]。

Q : 6. 环境权利包括哪几种权利？

A :　　环境知情权、环境参与权、监督举报权、获得奖励权、损害求偿权[77]。

6.2.2 国家与碳中和

Q : 1. 到目前为止，全球碳中和的进展如何？

A :　　到 2020 年，排名前 15 位的碳排放国家中，美国、俄罗斯、日本、巴西、印度尼西亚、德国、加拿大、韩国、英国和法国已经实现碳排放达峰。全球已经有 54 个国家的碳排放实现达峰，占全球碳排放总量的 40%。中国、马绍尔群岛、墨西哥、新加坡等国家承诺在 2030 年之前实现达峰。届时全球将有 58 个国家实现碳排放达峰，占全球碳排放量的 60%。2015年《巴黎协定》设定了 21 世纪后半叶实现净零排放的目标。越来越多的国家政府正在将其转化为国家战略，提出了无碳未来的愿景[3]。

实现碳达峰国家
54 个

占全球总量
40%

Q : 2. 各主要国家对于碳中和的相关对策有哪些？

A : 英 国

为应对气候变化问题，2008 年英国国会通过了旨在减排温室气体的《气候变化法案》，提出设立个人排放信用电子账户以及排放信用额度，该法案使英国成为全球首个为温室气体减排设计出具有法律约束力措施体系的国家。

德 国

德国的碳中和法律体系具有系统性。21 世纪初，德国政府便出台了一系列国家长期减排战略、规划和行动计划，如 2008 年《德国适应气候变化战略》、2011 年《适应行动计划》及《气候保护规划 2050》等。在此基础之上，德国政府又通过了一系列法律法规，如《气候保护法》《可再生能源优先法》《可再生能源法》及《德国国家氢能战略》等，其中 2019 年 11 月 15 日通过的《气候保护法》，首次以法律形式确定德国中长期温室气体减排目标，包括到 2030 年时应实现温室气体排放总量较 1990 年至少减少 55%。为进一步落实具体行动计划，德国政府于 2019 年 9 月 20 日通过《气候行动计划 2030》，计划对每个产业部门的具体行动措施进行明确规定。

法 国

2015 年 8 月，法国政府通过《绿色增长能源转型法》，构建了法国国内绿色增长与能源转型的时间表。法国政府还于 2015 年提出《法国国家低碳战略》，碳预算制度由此建立。2018 — 2019 年，法国政府对该战略进行修订，调整了 2050 年温室气体排放减量目标，并将其改为碳中和目标。2020 年 4 月 21 日，法国政府最终以法令形式正式通过《法国国家低碳战略》。近几年，法国政府陆续出台实施了《多年能源规划》和《法国国家空气污染物减排规划纲要》。

瑞 典

2018 年年初，瑞典公布了新的气候法律，为温室气体减排制定了长期目标，旨在 2045 年前实现温室气体零排放，在 2030 年前实现交通运输部门减排 70% 的目标，并从法律层面规定每届政府的义务，即必须着眼于瑞典气候变化总体目标来制定相关政策。

美 国

2021 年 2 月，拜登就任总统后，美国重新加入《巴黎协定》，加入碳减排行列，积极参与落实《巴黎协定》，承诺 2050 年实现碳中和。在州层面，目前已有 6 个州通过立法设定了到 2045 年或 2050 年，实现 100% 清洁能源的目标。

澳大利亚

自 2018 年 8 月莫里森任职总理后，澳大利亚气候政策主要表现在：一是《国家能源保障计划》的废除，意味着澳大利亚寻求改革能源市场以减少温室气体排放的尝试，以失败告终；二是 2019 年 2 月 25 日发布的《气候解决方案》，该方案计划投资 35 亿澳元，来兑现澳大利亚在《巴黎协定》中做出的 2030 年温室气体减排承诺；三是实行倾向于传统能源产业的政策，在新能源产业上投入不足。

日 本

日本的碳中和行动和态度存在不确定性，承诺到 2050 年实现碳中和，在相关文件中对长期减排做出较为全面的技术部署，并强调技术创新。为应对气候变化，日本政府于 2020 年 10 月 25 日公布《绿色增长战略》，确认了到 2050 年实现净零排放的目标，该战略旨在通过技术创新和绿色投资的方式加速向低碳社会转型。为减少因使用化学能源的温室气体排放，日本此前颁布的 1997 年《关于促进新能源利用措施法》、2002 年《新能源利用的措施法实施令》等法规政策也可看作是日本实现碳中和目标的法律依据。此外，日本政府也发布了针对碳排放和绿色经济的政策文件，如 2008 年 5 月《面向低碳社会的十二大行动》及 2009 年《绿色经济与社会变革》政策草案[78]。

Q：**3. 各主要国家碳中和的做法有哪些？**

A：　　2020年11月，英国政府公布《绿色工业革命十点计划》计划，包括大力发展海上风能、推进新一代核能研发和加速推广电动车等。2020年12月，英国政府还将2030年温室气体减排目标提升至较1990年至少减少68%。2021年4月，英国政府在公布第6个碳预算时再次更新了减排目标，即2035年温室气体排放量较1990年减少78%。2020年12月，日本经济产业省出台《2050年碳中和绿色增长战略》，详细规划了日本面向实现碳中和的产业路线图，再次强调绿色增长战略是日本后疫情时代经济复苏的重点。2021年4月，日本政府提出温室气体减排新目标，26%的目标提高到46%，并力争上调至50%。2021年1月20日，美国新任总统拜登一上台便签署行政命令重返《巴黎协定》。拜登承诺美国将于2050年前实现碳中和。2021年4月23日，拜登在美国主导的气候峰会上公布了减排目标，承诺到2030年美国温室气体排放将较2005年减少50%～52%。此前，在拜登政府提出的2万亿美元基建计划中，有很大一笔支出用于应对气候问题，推进能源转型，其中包括推动开发和生产清洁能源、补贴化石燃料工人转换工作、扩大电动车市场等[33]。

2030年减排目标

78%

2030年减排目标

50%

2030年减排目标

50%～52%

A： 截至 2021 年 1 月，根据英国能源与气候智库（Energy&Climate Intelligence Unit）统计显示，全球已有 28 个国家实现或承诺碳中和目标。其中，苏里南共和国和不丹已经实现碳中和，瑞典、英国、法国等 6 个国家通过立法承诺碳中和，欧盟、加拿大、韩国等 6 个国家及地区正在制定相关法律，中国、澳大利亚、日本、德国等 14 个国家承诺实现碳中和。2050 年是全球实现碳中和的主要时间节点，除 2 个已经实现碳中和的国家外，芬兰承诺最早 2035 年实现碳中和。另有 99 个国家正在讨论碳中和目标，其中乌拉圭拟将目标定于 2030 年，其余国家均将目标拟定于 2050 年[3]。

各国家及地区承诺实现碳中和时间 [3]

碳中和时间	正在立法	立法规定	国家承诺
2035 年			芬兰
2040 年			奥地利、冰岛
2045 年		瑞典	
2050 年	欧盟、加拿大、韩国、西班牙、智利、斐济	英国、法国、丹麦、新西兰、匈牙利	日本、德国、瑞士、挪威、爱尔兰、南非、葡萄牙、哥斯达黎加、斯洛文尼亚、马绍尔群岛
2060 年			中国

Q：5. 欧盟绿色新政有哪些主要内容？

A：

① 加强政策评估和方法。

② 强调"可持续"和公正的绿色金融和投资。

③ 推动欧盟各国"绿化"国家预算并发出正确价格信号。

④ 鼓励研究创新和教育培训。

⑤ 加强对外行动的协调性和强制力。

你零碳了吗？

Q： 6. 英国在绿色新政上有什么举措？

A：

1 到 2030 年，英国将会拥有足够的海上发电能力，为每家每户提供电力，将英国打造成"风能领域的沙特阿拉伯"。

2 将会在氢能领域投资 5 亿英镑。

3 将会推进新核电计划。

4 将会在电动汽车领域投资超过 28 亿英镑，安装足够多的充电站，在英国超级工厂中生产耐用的电池，从而使得英国在 2030 年前能够停止销售新的汽柴油轿车和货车。不过，英国混合动力汽车和轿车的销售截止日期仍为 2035 年。

5 将会拥有更清洁的公共交通，包括上千辆绿色巴士和数百英里长的新自行车道。

6 实现跨洋船运零排放。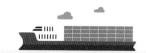

7 2021 年投资 10 亿英镑使家庭、学校和医院更加绿色，降低能源费用。

8 政府将会在英国北部、威尔士和苏格兰地区投资 10 亿英镑，以建立工业集群，打造碳捕获和存储方面的世界领先的新产业。

9 到 2035 年，将会种植 3 万公顷树木，并将 3 万个足球场面积的乡村地区恢复野生状态，以利用自然的能力来吸收碳。

10 通过 10 亿英镑的能源创新基金，帮助新的低碳科技实现商业化。约翰逊希望通过主权债券、碳补偿市场和信息披露要求，将伦敦变为全球绿色金融中心 [79]。

Q : 7. 中国政府实行了什么基本国策推进节能减排？

A : 1997 年全国人大常委会通过 2007 年修订的《中华人民共和国节约能源法》第四条： "节约资源是中国的基本国策。国家实施节约与开发并举、把节约放在首位的能源发展战略。"

基本内容：国家实行有利于节能和环境保护的产业政策，限制发展高耗能、高污染行业，发展节能环保型产业。国家鼓励、支持开发和利用新能源、可再生能源。

Q : 8. 碳中和目标对中国参与未来国际技术经济竞争，有何重要意义？

A : 为力争 2030 年前实现碳达峰、2060 年前实现碳中和的目标，碳中和技术创新是第一驱动力，已成为国际竞争的热点，加快绿色技术的研发和应用已成为主要国家碳中和路径的战略选择。碳中和是科技创新的竞争，推动社会经济发展从资源依赖型走向技术依赖型。据国际能源署（IEA）2021 年发布的《2050 年净零排放：全球能源行业路线图》，2050 年实现净零排放的关键技术中，50% 目前尚未成熟。这就需要对可再生能源发电、储能技术，与之匹配的技术等加大研发力度，形成国际竞争力。欧盟国家、美国已提前部署了碳中和实施路径和技术研发。2019 年 12 月，欧盟在《欧洲绿色新政》中提出了 7 个重点领域的关键政策、核心技术及相应详细计划，其中包括零碳炼铁技术等。我们国家的碳捕集利用与封存技术研发与应用已有了很好的积累和基础，但从技术链条看，发展应用水平不一致，二氧化碳（CO_2）强化采油等多项技术等已达到商业化运行水平，其他技术还需持续加大研发力度和以商业化为目标的工程建设，

你零嗖了吗？

进一步降低成本和能耗。面对全球绿色发展大趋势和实现碳中和带来的机遇与挑战，中国亟需从促进技术发展的战略政策、创新、技术和产业等方面进行优化设计，以后发优势促进绿色发展[80-81]。

Q：9. 碳中和目标与我国"两个一百年"奋斗目标有什么联系？

A： 党的十八大提出了"两个一百年"奋斗目标：在中国共产党成立 100 年时，实现国内生产总值和城乡居民人均收入比 2010 年翻一番，全面建成小康社会；到中华人民共和国成立 100 年时，建成富强民主文明和谐的社会主义现代化国家。"两个一百年"奋斗目标必将成为中华民族伟大复兴的重要里程碑。

从意义上看，碳中和目标是国家主席习近平在第七十五届联合国大会上向世界的庄严承诺，在国际上，体现了中华民族的责任和担当，作为负责任大国履行国际责任、推动构建人类命运共同体的责任担当。在国内，碳中和目标是加强生态文明建设、实现美丽中国目标的重要抓手，是实现民族复兴迈出的伟大一步。

从发展阶段来看，碳达峰、碳中和目标与实现"两个一百年"目标之间密切联系。第一阶段，2030 年前碳排放达峰，与 2035 年中国现代化建设第一阶段目标和美丽中国建设第一阶段目标相吻合，是中国 2035 年基本实现现代化的一个重要标志。第二阶段，2060 年前实现碳中和目标，与《巴黎协定》提出的全球平均温升控制在工业革命前的 2℃以内并努力控制在 1.5℃以内的目标相一致，与中国在 21 世纪中叶建成社会主义现代化强国和美丽中国的目标相契合，实现碳中和是建成现代化强国的一个重要内容。

Q: **10. 如何理解中国"十四五"规划目标对实现碳达峰、碳中和目标的重要性?**

A: 对于"十四五"时期的工作,中央财经委员会第九次会议提出的主要措施包括:实施可再生能源替代行动,构建以新能源为主体的新型电力系统;工业领域推进绿色制造;建筑领域提升节能标准;交通领域加快形成绿色低碳运输方式;推动绿色低碳技术实现重大突破;加快推进碳排放权交易;提升生态碳汇能力;建设绿色丝绸之路等。"十四五"期间,单位国内生产总值能耗和二氧化碳 (CO_2) 排放分别降低 13.5%、18.0%,更需要统筹绿色低碳与高质量发展,协调国际国内两个大局,组织编制"十四五"应对气候变化专项规划,研究制定更详细的碳达峰行动方案,加快全国碳市场建设、积极参与全球气候治理,并动员全社会力量,为将碳达峰、碳中和的美好蓝图化为美丽现实不懈努力 [82]。

Q: **11. 做好碳中和工作与生态文明建设是什么关系?**

A: 2021 年 3 月 15 日,习近平总书记在中央财经委员会第九次会议上指出,要把碳达峰、碳中和纳入生态文明建设整体布局。碳达峰、碳中和工作与生态文明建设是相辅相成的。从传统工业文明走向现代生态文明是应对传统工业化模式不可持续危机的必然选择,也是实现碳达峰、碳中和目标的根本前提。同时,大幅减排,做好碳达峰、碳中和工作,又是促进生态文明建设的重要抓手。

一方面,实现碳达峰、碳中和目标,其根本前提是生态文明建设。碳中和意味着经济发展和碳排放必须在很大程度上脱钩,从根本上改变高碳发展模式，从过于强调工业财富的高碳生产和消费转变到物质财富适度和满足人的全面需求的低碳新供给，这背后，又取决于价值观念或"美好生活"概念的深刻转变。"绿水青山就是金山银山"的生态文明理念就代表价值观念和发展内容向低碳方向的深刻转变。

另一方面，深度减排、实现碳中和，又是生态文明建设的重要抓手。从传统工业化模式向生态文明绿色发展模式转变，是一个"创造性毁灭"的过程。在这个过程中，新的绿色供给和需求在市场中"从无到有"出现，非绿色的供给和需求则不断被市场淘汰。中国宣布 2060 年前实现碳中和目标，并采取大力减排行动，就为加快这种转变建立了新的约束条件和市场预期。全社会的资源就会朝着绿色发展方向有效配置，绿色经济就会越来越有竞争力，生态文明建设进程就会加快 [83]。

Q：12. 实现碳中和的对策有哪些？

A：　　实现碳达峰、碳中和目标，要把握九个抓手。一是"能源减碳"与"蓝天保卫战"协同推进。二是把节能提效作为降低碳排放的重要举措。三是电力行业减排，建设一套以非化石能源电力为主的电力系统。四是交通行业减排。逐步建成美丽中国脱碳的交通能源体系。五是工业减排，做好产业结构调整，通过技术进步，减少工业碳排放。六是建筑节能，包括建造和运行。七是循环经济。各种废弃再生资源的利用有利于工业（例如冶金业）减碳。八是发展碳汇，同时鼓励碳捕获、利用与封存（CCUS）等碳移除和碳利用技术。九是将碳交易、气候投融资、能源转型基金、《碳中和促进法》作为引导碳减排的政策工具 [84]。

Q：**13. 我国实现碳中和目标面临哪些严峻挑战？**

A： 与发达国家相比，我国实现"双碳"目标时间更紧、幅度更大、困难更多、任务异常艰巨。

① 打造发展新范式任重道远

我国整体处于工业化中后期阶段，传统"三高一低"（高投入、高能耗、高污染、低效益）产业仍占较高比例。

② 煤炭煤电转型关乎民生大局

碳达峰、碳中和的深层次问题是能源问题，可再生能源替代化石能源是实现"双碳"目标的主导方向。但长久以来，我国能源资源禀赋被概括为"一煤独大"，呈"富煤贫油少气"的特征，严重制约减排进程。

③ 可再生能源消纳及存储障碍待解

非化石能源规模化、产业化的普遍应用不仅面临诸如调峰、远距离输送、储能等技术问题，还面临电网体制机制问题。种种原因在一定程度上抬高了可再生能源的电力成本，进而影响消纳，制约了可再生能源长远健康发展。从自身技术特性来看，风电、光伏、光热、地热、潮汐能受限于昼夜和气象条件等不可控的自然条件，不确定性大；生物质供应源头分散，原料收集困难；核电则存在核燃料资源限制和核安全问题。可再生能源发电具有波动性、随机性和间歇性的特点，电源与负荷集中距离较远。同时，我国尚未建立全国性的电力市场，电力长期以省域平衡为主，跨省跨区配置能力不足，严重制约了可再生能源大范围优化配置。

④ **深度脱碳技术成本高且不成熟**

从能源系统的角度看，实现碳中和，要求能源系统从工业革命以来建立的以化石能源为主体的能源体系转变为以可再生能源为主体的能源体系，实现能源体系的净零排放甚至负排放（生物质能源＋碳捕获与封存利用）。从科技创新的角度看，低碳、零碳、负碳技术的发展尚不成熟，各类技术系统集成难，环节构成复杂，技术种类多，成本昂贵，亟需系统性的技术创新。低碳技术体系涉及可再生能源、负排放技术等领域，不同低碳技术的技术特性、应用领域、边际减排成本和减排潜力差异很大[85]。

Q : 14. 中国实现碳中和的路线与实施路径是什么？

A: 与其他国家相比，中国在实现碳中和道路上将面临碳排放量大、能源消费以化石能源为主、碳达峰到碳中和缓冲时间短等诸多挑战。在实现碳中和的道路上，中国需要在电力、工业、建筑、农业等领域共同努力，减少"黑碳"的排放量和发挥"灰碳"的可利用性。

实施路径：

1

大力推进煤炭高效清洁化利用，既可有效控制二氧化碳（CO_2）排放，还能发挥煤炭保障国家能源安全的主力作用。

2 加快清洁用能替代，依靠技术创新，进一步降低太阳能、风能发电成本，利用风电－光电－储能耦合模式替代火电，发挥储能技术快速响应、双向调节、能量缓冲优势，提高新能源系统调节能力和上网稳定性。利用光热－地热耦合模式替代燃煤供热用能，发挥太阳能光热和地热的各自优势，形成互补供热用能。

3 提升天然气在低碳转型中的现实伙伴到未来桥梁作用，促进常规天然气增产，重点突破非常规天然气勘探开发。完善储气库、进口通道等产业布局与政策体系，保障天然气安全利用。

4 大力发展绿氢工业及其产业链，中国氢能需求旺盛，利用绿氢替代灰氢，可有效降低二氧化碳（CO_2）排放。

5 加大二氧化碳（CO_2）埋藏及封存的应用与推广，二氧化碳（CO_2）埋藏与封存能够实现二氧化碳（CO_2）大规模减排，是化石能源清洁化利用的配套技术。

6 发展碳转化及森林碳汇，将二氧化碳（CO_2）转化为化工产品或燃料，实现变废为宝。

7 建立市场机制控制碳排放，建立碳市场，增加化石碳类利用成本，有利于从源头减少化石能源消费，降低二氧化碳（CO_2）和大气污染物排放。

A: 丝绸之路经济带和 21 世纪海上丝绸之路，简称"一带一路"，是中华人民共和国政府于 2013 年倡议并主导的跨国经济带。其范围涵盖中国历史上丝绸之路和海上丝绸之路行经的中国大陆、中亚、北亚和西亚、印度洋沿岸、地中海沿岸、南美洲、大西洋地区的国家。"一带一路"中推进"碳中和"可分为三个层次。

第一，共享生态和人类命运共同体发展理念。一直以来，"一带一路"建设坚持共商共建共享原则，共同参与，共同建设，共同享有。国家主席习近平提出的生态文明不仅是就环境和生态来谈环境和气候变化，而是从人类命运共同体的角度来看待生态文明建设。碳中和是全社会、全人类面临的共同问题，这不仅需要国家重视，也需要我们每个人都重视，只有全人类团结起来，我们才能把碳中和的工作做好。

第二，共享政策标准。"一带一路"绿色投资框架性的指导原则，已推进沿线项目有序低碳转变。我国在各行业，包括石油化工、电力系统、建筑领域、交通物流等碳减排标准都可以与"一带一路"各国沟通交流，合作共享。

第三，共享技术工具。理念和原则给绿色发展以方向性的指导，但是需要更具体的技术工具来实施。投资方面，我们已有"一带一路"投资绿色标尺进行投资绿色成本与收益核算。碳减排技术方面，需探索碳排查方式，发展高排放行业的减碳技术，可再生能源行业零碳技术应用，以碳捕获、利用与封存(CCUS) 为代表负碳技术成本压缩等。金融方面，继续推出创新多元的绿色金融工具，使保险、基金、信托、融资租赁等金融工具在绿色领域得以广泛地应用，为绿色丝绸之路提供资金支持。因此，可以从发展理念、政策标准、技术工具三个层次，共享碳中和成果，加强应对气候变化，推动绿色丝绸之路建设，高质量共建"一带一路"，共同构建人类命运共同体 [86]。

Q : 16. 如何减少非二氧化碳 (CO₂) 温室气体排放？

A : 建立相应的政策法规，发挥森林的碳汇能力，调整农业结构，集中发展畜牧业 [87]。

6.2.3 城市与碳中和

Q : 1. 什么是低碳城市？

A : 低碳城市是指城市经济以低碳产业和低碳化生产为主导的模式，市民以低碳生活为理念和行为特征、政府以低碳社会为建设蓝图的城市，从而达到在城市中最大限度地减少温室气体的排放 [88]。

Q: 2. 碳中和目标下，城市有什么特殊责任？

A:　　从人口发展规律以及当前大多数城市的人口政策来判断，未来人口向大城市聚集的趋势还将持续。而人口规模将影响汽车保有量、通勤距离、建筑密度等，这些又将直接影响城市的碳排放量。在可预期的人口集聚趋势下，城市无论是做空间规划乃至产业规划，还是进行改造更新时，都应该充分考虑低碳发展的要求。譬如优化用地结构；提高轨道交通的覆盖率，给公共交通、自行车、步行更充分的路权保障；引导市民购买或更换新能源汽车；注重建筑节能改造技术的应用，使低碳理念真正融入城市运行当中 [89]。

Q: 3. 城市如何实现碳中和？

A:　　各个城市作为落实碳中和目标的主体，要进行自主落实与全力配合，积极开展气候环境治理与产业经济绿色转型，并加强区域之间的协同合作。必须因地制宜地发展绿色经济，根据自身现状，采取合适的措施推动产业绿色转型与资源合理优化配置，在环境、能源、贸易、金融等领域的绿色新政策上，充分考虑地方特色，在碳中和大目标下，充分发挥各自的资源环境优势，探索各自的减排路径。而从全局统筹和整体调控上来看，则应客观评价各市的绿色发展水平和现状，找出部分城市的劣势与不足，推动相关资源尤其是绿色资金的合理配置，发掘城市的优势以借鉴相关的先进经验（例如部分绿色金融与碳排放权交易试点城市），将发展水平作为相关的环境政策制定和招商引资决定的重要参考依据。同时，应根据各地区的绿色发展历史进程以及产业综合评级，制定未来的城市碳中和路径规划，从城市到国家、从局部到整体，科学统筹碳中和目标下的区域减排工作，做到让有条件的城市率先实现碳中和，带动周边区域共同减排[90]。

Q：4. 各地区必须同步实现碳中和目标吗？

A： 我国的经济发展存在显著的区域差异，各地区的资源禀赋和环境条件等均具有其自身的地域特色与优势，而资源环境差异也带来了产业结构和经济增速的地区差异，以及城市化进程上的差别。同样在绿色发展领域，各地区在生态环境治理、节能减排贡献、绿色产业扶持政策等方面具有明显的不同之处，也使得各地区在其绿色发展水平和潜力上存在差距，在实现碳达峰、碳中和目标上也有先后之分[90]。

Q：5. 我国碳中和试点城市都有哪些？

A： 截至目前，全国已开展了三批共计 87 个低碳省（自治区、直辖市）试点，21 世纪经济研究院选取了其中的一线、新一线城市，计划单列市，以及部分重点省会城市，共 20 个观测城市，**分别为北京、上海、广州、深圳、天津、重庆、厦门、杭州、苏州、青岛、武汉、宁波、昆明、沈阳、大连、南京、合肥、济南、长沙和成都。**

Q : 6. 我国低碳城市试点取得了哪些成效？

A: 北京

　　以北京的情况来看,2020 年三次产业比重为 0.4:15.8:83.8,三产的比重已经超过了 80%, 在上述 20 个城市里是最高的。近几年, 北京的能源转型进程也在加速。2017 年, 北京最后一座大型燃煤电厂停机备用, 北京成为全国首个告别煤电、全部实施清洁能源发电的城市。2018 年, 北京近 3000 个村落实现了煤改清洁能源, 平原地区基本实现"无煤化"。统计年鉴数据显示, 从 2010 年到 2019 年, 北京煤炭消费量占能源消费总量的比重由 29.59% 大幅下降至 1.81%, 比重已经低到几乎可以忽略不计。北京碳强度预计比 2015 年下降 23% 以上, 超额完成"十三五"规划目标, 碳强度为全国省级地区最低。

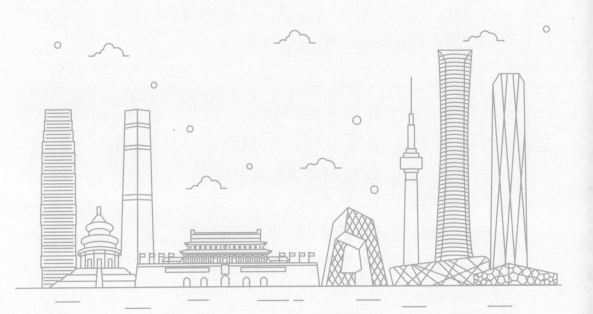

上海

　　以上海为例，从工业能源终端消费量这个指标来看，2011 年，上海工业能源终端消费达到了 6165.57 万吨标准煤的峰值，随后呈现在波动中下降的趋势，到 2019 年，这一数值已降至 5668.05 万吨标准煤。同期，上海的工业增加值从 2011 年的 7230.57 亿元，增加到了 2019 年的 9670.68 亿元，逐年上升。这一降一升的背后，反映的是上海工业的结构升级与节能增效。上海市发展改革委近日对外通报，近年来，上海扎实推进能耗总量和强度"双控"，持续实施产业结构调整，积极开展绿色低碳循环试点示范。2021 年 1 月，上海在全国率先提出最新的碳达峰时间表，到 2025 年，碳排放总量要力争达峰。

广州

　　广州的碳排放权交易在全国处于领先，广州碳排放权交易中心的数据显示，截至 2021 年 3 月 21 日，广东省碳排放配额累计成交量 1.75 亿吨，占全国碳交易试点 37.91%，稳居全国首位；累计成交金额 36.36 亿元，占全国碳交易试点 34.00%，成为国内首个配额现货交易额突破 35 亿元大关的试点碳市场。2020 年 11 月，深圳单位工业增加值能耗近 10 年累计下降近 60%。在中国特大城市中，深圳的碳排放水平是最低的，碳排放增长也是最缓慢的。2019 年，《深圳市碳排放达峰和空气质量达标及经济高质量发展达标"三达"研究报告》指出，深圳就在碳达峰的路上，不能确定哪天哪个时点达峰，但是深圳在 2019—2020 年间，处在一个稳定达峰区间。

　　21 世纪经济研究院认为，下述 20 个观测城市中，有的迈向了后工业化时代，有的较好地完成了工业结构的优化升级，碳排放与经济发展逐渐脱钩，有的清洁资源丰富，有的则在积极谋划居民消费侧的减碳，这实际上为不同类型的城市实现碳达峰提供了思路借鉴。低碳转型已经是一个明确的方向，谁更积极主动，谁将越有可能在未来的城市竞争新局中抢占高地。

各低碳试点城市碳达峰潜力情况 [89]

地区	人均 GDP（万元）	常住人口（万人）	第二产业占比（%）	单位 GDP 用电量（千瓦时 / 万元）
北京	16.49	2189.3	15.8	345
南京	15.91	931.5	35.2	473
苏州	15.82	1274.8	46.5	856
深圳	15.76	1756.0	37.8	379
上海	15.56	2487.1	26.6	435
杭州	13.49	1193.6	29.9	590
广州	13.40	1867.7	26.3	410
宁波	13.19	940.4	45.9	721
武汉	12.67	1232.7	35.6	391
厦门	12.36	516.4	39.5	563
青岛	12.31	1007.2	26.4	360
长沙	12.08	1004.8	38.4	331
济南	11.02	920.2	34.8	362
合肥	10.72	937.0	35.6	441
天津	10.15	1386.6	34.1	645
大连	9.44	745.1	40.0	482
成都	8.46	2093.8	30.6	413
昆明	8.46	846.0	31.2	648
重庆	7.80	3205.4	40.0	516
沈阳	7.25	902.8	32.9	568

你零碳了吗?

6.2.4 公众与碳中和

Q : 1. 碳中和发展需要哪些领域的人才?

A : 需要低碳技术、低碳农业、低碳法律和低碳经济等领域的人才。

低碳技术 　　低碳农业 　　低碳法律 　　低碳经济

Q : 2. 与碳中和相关的专业有哪些?

A : 金融、环境保护、环境工程、新能源开发与利用、管理类等专业。

金融 　环境保护 　环境工程 　新能源开发与利用 　管理类

Q : 3. 哪种交通方式最绿色低碳?

A : 公交车、自行车。

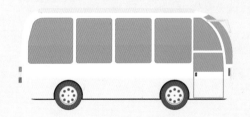 

Q： **4. 实施垃圾分类管理对低碳社会建设有什么意义？**

A： 全民参与垃圾分类相关知识的培训，可以提升社会对环保行业的重视，增加环卫工人的就业率，形成尊重、关心环卫工人的氛围。垃圾分类能够保护珍贵的土地资源，减少环境污染问题，构建绿色环保的社会环境，人们只有养成了垃圾分类的习惯，在生活中意识到节约资源的重要性，才能够不断提升自我修养，从自身出发，为环境保护做出贡献。另外，垃圾分类还能够促进经济的增长，通过不断进行垃圾回收利用的技术研究，实现垃圾的"变废为宝"，这样既可以提高垃圾资源的利用水平，又可以减少垃圾处置量。

Q： **5. 每年食物损耗与浪费会导致多少碳排放？**

A： 据统计，每年有三分之一甚至更多的食物被浪费。浪费的主要形式有两种，食物损耗以及食物浪费。前者是指食物在收获、加工、储运等过程中造成的食物量的减少；后者是指在零售或消费端丢弃原本可被食用的食物。前者约占浪费总量的 63%，后者为 37%。而两者相加，背后则是近 44 亿吨的二氧化碳（CO_2）排放[91]。

Q : 6. 服装浪费导致多少碳排放？

A: 　　联合国数据表明，服装行业目前的碳排放量仅次于石油产业，已经成为第二大污染产业，其碳排放量占据全球碳排放量的 10%。根据环境资源管理公司的计算，一条约 400 克重的涤纶裤，假设它在中国台湾生产原料，在印度尼西亚制作成衣，最后运到英国销售。如果其使用寿命为两年，共用 50℃温水的洗衣机洗涤过 92 次；洗后用烘干机烘干，再平均花两分钟熨烫。这样算来，它"一生"所消耗的能量大约是 200 千瓦时，相当于排放 47 千克二氧化碳 (CO_2)，是其自身重量的 117 倍。相比较之下，棉麻制品比化纤制品需要的能源以及原料少，碳排放更低。有研究表明，一件 250 克重的纯棉 T 恤在其"一生"中大约排放 7 千克二氧化碳 (CO_2)，是其自身重量的 28 倍，这还不包括 T 恤所产生的环境污染。研究显示，平均少买一件衣服所节约的能源使用，相当于减少约 7 千克二氧化碳 (CO_2) 的排放。在衣物的使用中，尽量减少清洗次数，平均用手洗代替洗衣机洗，可以减排 0.26 千克碳；而全国所有的洗衣机每月少用一次，则一年可减排 55 万吨碳。此外，还可选择降低清洗温度、自然晾干而不是烘干、减少衣物熨烫等更为环保的洗涤方式 [92]。

Q：7. 为实现碳中和目标，社会公众可以做些什么？

A：

选择非电动牙刷
少排放近 48 克二氧化碳
（CO_2）

烤面包机代替烤箱
少排放近 170 克二氧化碳
（CO_2）

节能灯代替 60 瓦灯泡
可以将产生的二氧化碳
（CO_2）排放降低 4 倍

晾晒衣物代替滚筒式干衣
机，每天可以少排放 2.3
千克的二氧化碳（CO_2）

下班随手关闭电脑代替待
机，可以少排放 1/3 的二
氧化碳（CO_2）

节水型淋浴头代替普通淋
浴头，将洗三分钟热水澡
造成的二氧化碳（CO_2）排
放量削减至一半 [93]

Q：8. 低碳生活是不是意味着要过苦日子？

A： 低碳生活方式虽然宣传节俭、简约，但是它旨在倡导公众的环保意识和社会责任，并不是要求人们降低生活水平，而是要求人们改变奢侈、浪费的消费模式，从全新的角度把人们对提高生活质量的要求引向正确的方向，过上更加健康、安全、幸福的生活。可见，低碳生活方式不仅不会降低人们的生活水平，而且旨在改善人们的生存环境和条件，提高人们的生活水平和幸福。这种构想不是单纯的纸上谈兵，在推行低碳生活方式的许多国家和地区已逐步变成现实。例如，英国、法国、挪威等大多数发达国家推行低碳生活方式，不仅经济发展水平高，居民的生活水平也很高。可见，低碳生活并不代表贫困的生活方式[94]。

Q: 9. 如何获得碳补偿标识？

A:　　民众加入"消除碳足迹，参与碳补偿，积极应对气候变化"等活动，捐资到中国绿化基金会进行的"植树造林吸收二氧化碳 (CO_2)"活动，就可获得碳补偿标识。

Q: 10. 传媒对实现碳中和目标能发挥什么作用？

A:　　宣传低碳思想，普及如何做到低碳的知识。

Q: 11. 消费者如何践行绿色消费？

A:　　"强化绿色消费观念，提高思想认知""参与绿色消费实践，实现个人价值""参与绿色消费实践，实现个人价值"[95]。

▲
爱心企业在百万森林项目区开展公益活动
来源：百万森林内蒙古阿拉善项目工作人员姜军

下 篇

我要碳中和

内蒙古自治区额济纳胡杨林国家森林公园
来源：娜仁
▼

扫码关注

1 绿色公民行动

1.1 "一带一路"胡杨林生态修复计划 》》

项目背景

　　"一带一路"建设是党中央从战略高度审视国际发展潮流，是统筹国内国际两个大局做出的重大战略决策。生态环境保护和修复是"一带一路"建设的重点合作领域之一，党和国家高度重视"一带一路"建设过程中的生态环保工作。

　　《推动共建丝绸之路经济带和 21 世纪海上丝绸之路的愿景与行动》明确提出了加强生态环境合作、共建绿色"一带一路"的主张，提出了要突出生态文明理念，加强生态环境、生物多样性和应对气候变化合作，鼓励企业在参与沿线国家基础设施建设和产业投资中，要主动承担社会责任，严格保护生物多样性和生态环境。2016 年 8 月 17 日，在推进"一带一路"建设工作座谈会上，习近平总书记发表重要讲话，进一步强调聚焦携手打造绿色丝绸之路。

　　"一带一路"胡杨林生态修复计划是我国开展"一带一路"生态环境合作的重要抓手。胡杨是"陆上丝绸之路经济带"沿线国家和地区的特有树种，构成了丝绸之路沿线壮美的绿洲森林景观和生态屏障，对"丝绸之路"沿线国家和地区的生态环境稳定以及经济可持续发展起着不可替代的作用。然而，胡杨在"丝路"沿线国家、地区正面临着严重退化的现状，如不科学应对和解决，势必将影响"一带一路"建设的推进。修复绿洲胡杨，守护"丝路"文明，通过修复绿洲胡杨林生态系统，和"丝路"国家携手共建"一带一路"生态文明。

项目介绍 >>>

　　为贯彻落实国家"一带一路"倡议，建设生态文明，实现可持续发展，中国绿化基金会作为推动林草事业发展的重要社会组织，于 2016 年 8 月正式启动"我有一片胡杨林"公益项目，也拉开了"一带一路"胡杨生态修复计划的帷幕。该公益项目力图从胡杨林生态修复、荒漠地区绿洲植物保护与恢复等方面着力，积极探索"一带一路"建设中经济发展和生态保护，助力国家打造"绿色丝绸之路"，实现"一带一路"伟大愿景。

▲ 时间：2020 年
"我有一片胡杨林"额济纳旗项目区
来源：绿色公民行动项目组

新疆维吾尔自治区胡杨林鸟瞰
来源：绿色公民行动项目组
▼

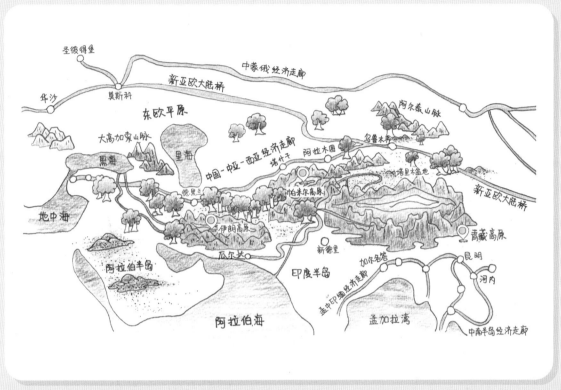

"丝绸之路经济带"国家胡杨林分布示意图 ▲
来源：绿色公民行动项目组

▲ 项目主题海报

　　2018年4月，中国绿化基金会在内蒙古自治区额济纳旗启动"一带一路"胡杨林生态修复计划项目首期造林工程。7月，将胡杨林保护与"一带一路"生态修复紧密联系起来，在内蒙古自治区额济纳旗、甘肃省金塔县等地开展"一带一路"胡杨林生态修复试点工程。

"我有一片胡杨林"额济纳旗项目区
来源：项目区工作人员
▼

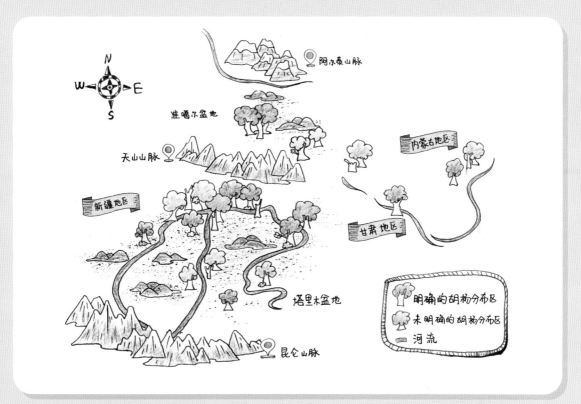

我国胡杨林的分布情况 ▲
来源：绿色公民行动项目组

2018年9月12日,"一带一路"生态治理民间合作国际论坛上,正式启动"一带一路"胡杨林生态修复计划,同时,中国绿化基金会和《联合国防治荒漠化公约》秘书处共同发起"一带一路"生态治理国际合作基金,立足推进"一带一路"胡杨林保护和修复,改善"一带一路"干旱区生态环境,促进"一带一路"民心相通,助力实现"绿色丝绸之路"愿景。

随着项目的持续开展,从内蒙古自治区、甘肃省的黑河流域贯穿至新疆维吾尔自治区的塔里木河流域,沿着"绿色丝绸之路",中国绿化基金会与捐助人一起,在荒漠里书写绿色主题的浪漫故事。5年时间里,将无数爱心汇聚成311357棵胡杨苗,让绿色足迹遍布每一寸需要的土地。

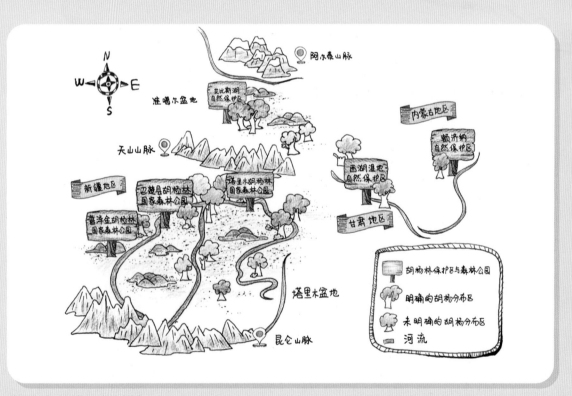

我国胡杨林的保护现状 ▲
来源:绿色公民行动项目组

"我有一片胡杨林" 金塔县项目区胡杨铭牌 ▼
来源：项目区工作人员

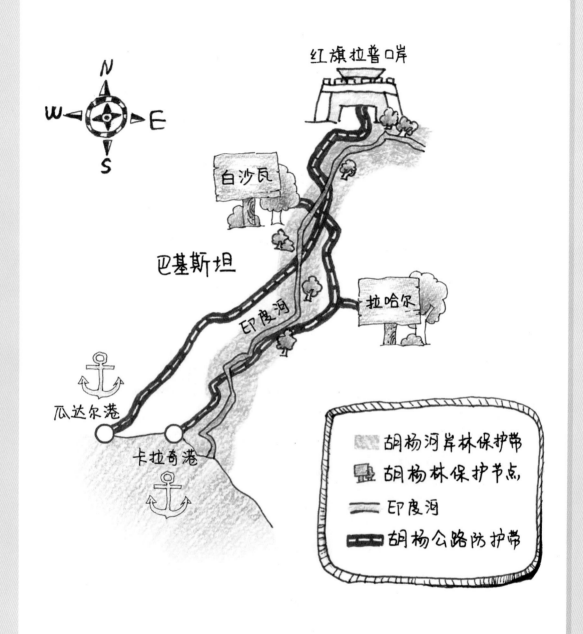

"中巴"胡杨林生态修复带总布局 ▲
来源：绿色公民行动项目组

"丝路核心区"胡杨生态修复重点项目布局图 ▲
来源：绿色公民行动项目组

"中国 - 中亚 - 西亚"胡杨林生态修复带总布局 ▲
来源：绿色公民行动项目组

你零碳了吗？

石碑及铭牌 ▶▶

"我有一片胡杨林"各项目区树牌、铭牌
来源：项目区工作人员
▼

华为 - 我有一片胡杨林

小树大材

我有一片胡杨林
甘肃项目区公益林
树种：胡杨　　年份：2021年

有勇气就会有奇迹
顽强的生长吧
黄小Q

守护胡杨。万物可爱

应你像胡杨林一样经久不衰，
永远美丽～
罗云熙的小橘班

"一带一路"
胡杨林保护

▶ 我有一片胡杨林甘肃项目区—甘肃省金塔县
来源：绿色公民行动项目组

典型人物——班都爷爷

在电影《英雄》中，张曼玉与章子怡于一片胡杨林里比试，剑影随红衣上下翻飞，与金黄的胡杨相映成趣，好不美丽。

而现实远没有电影美好，由于人类的乱砍滥伐与过度放牧，内蒙古楚伦达日孜昔日的绿洲早已不复存在，留下的只有一眼望不到头的荒漠。

风沙带走了树木，也枯竭了水源，越来越多的居民不得不放弃楚伦达日孜，转身去寻找下一个适宜家园。

而有一个名叫班都的 84 岁老人却选择留下，成为方圆 20 多千米内的唯一住户。

内蒙古自治区额济纳旗胡杨守护者班都爷爷
来源：绿色公民行动项目组

用 40 年浇灌一株胡杨林

在班都爷爷的记忆里，60 多年前的家乡是富饶美丽的：野花遍地、林木成荫，额济纳河缓缓流淌，依河而生的胡杨静静地守护着树下的牛羊和牧民。

而无休止的环境破坏引发的河道断流，生生切断了胡杨树的生命源泉，任凭隐忍如它，拼命伸展着自己的根系，却再也不能吮吸出一滴甘霖。

有的胡杨树被风刮倒了，有的直接干死了，胡杨林只存活了30%。

班都爷爷看在眼里，疼在心上。

他选择成为这 58000 亩胡杨林的守护者。漫天黄沙，班都爷爷拖着年迈的身体走好几千米去打水，他小心地把珍贵的水装进罐子里，让毛驴驮着，走遍那片濒死的胡杨林，然后一株一株地浇灌。

这一浇就是 40 年。

▲ 内蒙古自治区额济纳旗胡杨守护者班都爷爷
来源：绿色公民行动项目组

我肯定会死，但树多活一棵也是好的

在无情的戈壁中，蒸发比浇水快多了，许多胡杨依然没逃过枯死的命运。

看着枯萎的胡杨，班都爷爷只能在一旁默默地擦眼泪，"我肯定会死，但树多活一棵也是好的。"

于是，班都爷爷买了许多小树苗种下，夏天没有水，他就自己打井。几十年间，他和家人在这片黄土中一共挖了 11 口井。

他带着 61 岁的儿子在深井之中，时常因塌方被埋在黄土底下，艰难地爬起来之后，又继续挖。终于见水了，他像孩子般兴奋地大喊："有水了！快来啊！"

班都爷爷说，他都八十多了，这井也可能是他打的最后一口井。

后来，班都爷爷的老伴也去世了，留下他一个人，守在这大漠。老伴就葬在离井 2 千米的地方。

她在，班都爷爷便更不愿意走了。

84 岁的他依然坚持放牧，有羊群和骆驼们为伴，每天都去为胡杨林浇水。还是那头小毛驴，他又加了一辆推车，拖着更多的水，去浇灌那些新长出来的树苗。他看到那些树，仿佛看到了他和老伴的青春，他们在这里长大，在这里结婚生子。

▶ 内蒙古自治区额济纳旗胡杨守护者班都爷爷家草场
来源：绿色公民行动项目组

水越来越多，胡杨林越来越绿

2017 年，河道里有水了，为了存住这些救命水，中国绿化基金会"我有一片胡杨林"公益项目募集了资金，资助班都爷爷修建四条土坝。

这四条土坝成功将水引入了班都爷爷的胡杨林，给十数年的干涸戈壁带来了绿的希望。他高兴地憧憬："现在水来了，河流两岸的胡杨在明年五六月份都会绿起来。"

2018 年，他在信中写道："枯死的胡杨重活了，老去的胡杨也抽出了新芽。"近 40 年来，这片胡杨林越来越绿，水越来越多。

而班都爷爷，他成了大漠中的一株最顽强的胡杨树。

也许有人会说爷爷的努力微小渺茫如愚公移山，但爷爷的话却令每个以为荒漠化远在天边的人警醒："如果所有人都走了，千年胡杨很可能全部枯萎，没了它们防风固沙，荒漠扩散的脚步就会更快，最后，我们还能逃到哪里去呢？"

内蒙古自治区额济纳旗胡杨守护者班都爷爷
来源：二更视频

内蒙古自治区额济纳旗胡杨守护者班都爷爷 ▲
来源：绿色公民行动项目组

　　随着时代的发展，治沙绿化需要科学态度和科学方法，但是更缺的是班都爷爷一样朴素的信仰和笨拙的坚守。

　　面对广阔的荒漠，难解的课题，我们需要这样的班都爷爷。

　　正如《胡杨礼赞》中所赞颂的，"在寸草不生的戈壁尽头，胡杨林高挺着永不弯曲的脊梁"，只要精神在、意志在、作为在，绿色就能一直生长。

　　中国绿化基金会绿色公民行动设立了"我有一片胡杨林"公益项目，也由此拉开了"一带一路"胡杨林生态修复计划的帷幕。留住了沙漠中的绿洲，也支持了班都爷爷这样的人同恶劣的环境继续斗争下去。

　　虽不能与风沙直接叫板，我们却可以通过"我有一片胡杨林"种下一棵拥有蓬勃生命力的胡杨，守护它成为防风固沙的战士。

　　重建丝绸之路的绿色屏障，从捐种一棵树苗开始，行动起来，让绿色重新回到原本属于它的土地上。

1.2 一平米草原保护计划 ▶▶

项目背景 ▶▶▶

　　全世界的草地总面积达 52.5 亿公顷，占地球陆地总面积的 40.5%，贮存了陆地生态系统总碳量的 34%，而中国拥有草地总面积达 2.6 亿公顷，占全国国土面积的 34.7%，是我国面积最大的陆地生态系统，覆盖着超过 1/5 的国土，像皮肤一样保护和滋养着大地。

　　草原承担着防风固沙、涵养水源、保持水土、吸尘降霾、固碳释氧、调节气候、美化环境、维护生物多样性等重要生态功能。是黄河、长江等重要江河的发源地，是巨大的碳库和重要的动植物物种资源库。因此，草原生态状况的好坏，直接关系国家整体的生态安全。

全世界

草地总面积	占陆地总面积
52.5 亿公顷	**40.5%**

中国

草地总面积	占国土总面积
2.6 亿公顷	**34.7%**

内蒙古自治区四子王旗草原
来源：乌兰察布市林业和草原局 ▼

　　同时，草原生态修复是促进草原地区经济社会发展的需要。我国 1.1 亿少数民族人口中，70% 以上集中生活在草原区。全国 268 个牧业及半牧业县中，国家扶贫开发重点县占 57%，良好的草原生态环境也是草原地区经济社会发展的根本保证。

　　综合各方面研究成果，我国草原总碳储量 300 亿～ 400 亿吨，年总固碳量约为 6 亿吨。草原碳汇具有巨大潜力，合理的草原政策和科学的草原保护修复措施能够显著提高草原增汇减排功能，在完成碳达峰和碳中和目标中发挥重要作用。

　　2007 年 6 月，我国在发展中国家中率先颁布了《中国应对气候变化国家方案》，决定通过退耕还林还草、草原管理等方式最大限度地发挥草原的碳汇功能。

　　习近平总书记在 2019 年十三届全国人大二次会议内蒙古代表团审议时做出重要指示，要守护好北疆生态安全屏障，"保护草原、森林是内蒙古生态系统保护的首要任务"。

 草原总碳储量
300 亿~400 亿吨

 年总固碳量
6 亿吨

◀ "一平米草原保护计划"鄂尔多斯市项目区
来源:鄂尔多斯市林业和草原局

项目介绍 〉〉〉

　　草原与森林、海洋并称为地球的三大碳库。每平方米草地可以吸收 50 克二氧化碳（CO_2），每公顷就可以吸收 0.5 吨左右的二氧化碳（CO_2）（数据来源：中国科学院植物研究所）。

每平方米草地吸收
50 克二氧化碳（CO_2）

每公顷草地吸收
0.5 吨二氧化碳（CO_2）

"一平米草原保护计划"鄂尔多斯市项目区
来源:鄂尔多斯市林业和草原局

　　保持草原生态系统健康稳定，不断改善草原生态环境，是夯实牧区社会发展基础的重要举措，也是增强草原碳汇能力的根本措施。

　　但由于 20 世纪六七十年代开荒种粮热潮，草原被大面积开垦破坏。加之气候干旱无法继续旱作粮食，撂荒导致草原沙化、退化，植被盖度不足 15%。从总体上看，我国草原生态局部改善、总体恶化的趋势尚未根本扭转，绝大部分草原存在不同程度的退化、沙化、石漠化、盐渍化等现象。全国草原的平均产草量较 20 世纪 80 年代下降 20%~30%，原本脆弱波动的草原生态仍面临着巨大的发展压力。

　　为积极筑牢我国北方重要生态屏障，增强草原碳汇储备能力，促使草原生态系统向良性循环方向发展，中国绿化基金会"绿色公民行动"品牌项目组针对草原退化、面积减少、生态脆弱的现状，于 2019 年 1 月发起了"一平米草原保护计划"，公众每捐赠 2 元，即可在内蒙古自治区种植修复一平方米草原，增加 50 克草原碳汇量。

▲ "一平米草原保护计划"鄂尔多斯市项目区
来源：鄂尔多斯市林业和草原局

▲ "一平米草原保护计划"鄂尔多斯市项目区
　　来源：绿色公民行动项目组

▼ "一平米草原保护计划"乌兰察布市项目区
　　来源：绿色公民行动项目组

　　该项目是全国首个草原保护公益项目，也是国家机构改革后，国家林业和草原局草原管理司作为指导单位的首个草原保护公益项目。

　　项目启动两年来，共有超过 8 万人次筹集近 460 万元善款。2019—2021 年，项目地通过对退化草原土地深耕、浇水后完成移栽、播种，修复 192.33 万平方米（合计 2885 亩）的草原，为实现碳中和目标贡献超过 96.17 吨碳汇量。

"一平米草原保护计划"四子王旗项目区公益牌　▼
来源：绿色公民行动项目组

一平米草原 | 用绿色还原内蒙古草原生态底色

斯日古林 | 草原上的使命坚守

斯日古林出生在鄂尔多斯市阿尔巴斯苏木的广袤草原上。天蓝、草绿、水清，这里是斯日古林儿时的乐土。

然而，20世纪70年代，全区兴起开垦草原种粮，草原被逐渐开垦用于农作物种植。由于气候干旱，农作物不易存活，牧民收成惨淡。农民便增大开垦面积，如此越垦越荒，直至土地沙化、颗粒无收，斯日古林忠爱的草原，一夕破碎。

"一平米草原保护计划"鄂尔多斯市项目区
来源：项目区工作人员 ▲

斯日古林家庭照
来源：斯日古林 ◀

草原的生机消散了，越来越多的牧民背井离乡，人气也随之消散。

彼时的斯日古林只有 16 岁，他选择留在草原。

"既然农作物种不活，那就种柠条吧。" 20 世纪 80 年代，斯日古林终于为荒芜的草原觅得了"药方"。他和妻子学起了播种、管护……两个人、四只手，他们让草原重现生机。他们总结出机械平茬与生物平茬结合的方法，使得草场复壮更新加快；通过"密植柠条 + 撒播草种"，大幅提高了草原的生产力。

斯日古林修葺围栏、播撒草种 ▲
来源：绿色公民行动项目组

内蒙古自治区四子王旗草原
来源：乌兰察布市林业和草原局
▼

40 年过去，曾经的青壮小伙渐生白发。而曾经斯日古林家附近的荒芜之地，也已变成了一片翠绿草场。然而，一人的力量终究有限，斯日古林的重建草原计划前路尚远。对于整个阿尔巴斯苏木的草原而言，退化地块植被覆盖度仍不足 15%，部分地块已退化成流动沙丘。

我们呼吁更多人加入到内蒙古草原的修复中来，每捐赠 2 元，即可在内蒙古种植一平方米草原，让我们用星星点点的绿色碎片，还原内蒙古草原的生态底色，还以草原人民一片天蓝草绿的家园，共同助力碳中和。

▲ 斯日古林修葺围栏
来源：绿色公民行动项目组

"一平米草原保护计划"乌兰察布市项目区
来源：绿色公民行动项目组
▼

修复前 》》

草原修复助力碳中和目标

2021 年全国两会期间，政府工作报告中提到的"碳中和"成为热词，所谓碳中和是指企业、团体或个人在一定时间内直接或间接产生的二氧化碳排放总量，通过二氧化碳去除手段，如植树造林、产业调整等抵消这部分碳排放，达到"净零排放"的目的。

"一平米草原保护计划"通过在退化土地荒漠化地区种植以柠条为主的灌木作为防护带，行间带撒播杨柴、沙打旺等优质乡土草种进行草原修复。"一平米草原保护计划"的草原修复计划，与碳中和的精神内核高度契合。

保持水土、涵养水源、防风固沙、净化空气、固碳释氧、维护生物多样性，草原所发挥的重要生态功能，为碳中和的目标提供着强大动力。

"一平米草原保护计划"乌兰察布市项目区
来源：绿色公民行动项目组
▼

《《《修复后

1.3 "互联网+全民义务植树"项目

项目基本情况 》》》

　　1981年12月13日，五届全国人大四次会议通过《关于开展全民义务植树运动的决议》，规定凡是条件具备的地方，年满十一岁的中华人民共和国公民，每人每年义务植树三至五棵，或者完成相应劳动量的育苗、管护和其他绿化任务。1982年2月27日，国务院常务会议通过《关于开展全民义务植树运动的实施办法》，明确规定公民参与植树的义务和责任。自此，全民义务植树在中华大地蓬勃开展，开创了推进国土绿化的特色之路，40多年来，全党全国人民积极响应，社会企业广泛参与，共同履行植树义务。

　　为响应和践行《国务院关于积极推进"互联网+"行动的指导意见》和《全国造林绿化规划纲要（2016—2020年）》的相关要求，2017年1月，全国绿化委员会办公室联合中国绿化基金会共同发起"互联网+全民义务植树"公益项目，并正式启动全民义务植树网。网站开通以后，全国绿化委员会先后下发了关于开展第一、二、三批试点工作的通知，批复北京、内蒙古、山西、湖南、广西等15省（自治区、直辖市）开展"互联网+全民义务植树"的试点工作。

　　项目开展5年来，维系传统以植树造林为主的做法，进一步丰富拓展抚育管护、自然保护、捐资捐物、志愿服务等八大类尽责形式，开展多种形式的义务植树活动，取得了良好的成效，受到了社会各界的广泛赞誉。

社会公众参与规模与数据统计 〉〉〉

　　全民义务植树是全国适龄公民参与、具有公益属性、动员全社会广泛参加的一项重要工作，项目依托全民义务植树网络平台，紧跟全民义务植树热潮，创新义务植树尽责参与形式，积极对接重点企业参与，广泛发动社会公众通过捐资代劳参与义务植树尽责。目前，全民义务植树网络平台共 23 个省（自治区、直辖市）发布全民义务植树项目 508 个，其中捐资尽责项目 155 个，实体尽责项目 353 个。累计发放义务植树尽责证书 3406.02 万张、国土绿化荣誉证书 32.64 万张，电脑端全民义务植树官网访问量超过 1.1 亿人次。

 发布义务植树项目
508 个

 捐资尽责项目
155 个

实体尽责项目
353 个

累计发放尽责证书
3406.02 万张

累计发放荣誉证书
32.64 万张

 官网访问量
超过 **1.1** 亿人次

2022 年"世界森林日"主题义务植树活动
来源：安徽省滁州市林业局 ▲

2022 年义务植树活动
来源：安徽省淮南市林业局 ▲

你零碳了吗？

重点项目推介 〉〉〉

1. 中国石油"我为碳中和种棵树"项目。 为发挥央企应对气候变化，实现碳达峰、碳中和发挥示范作用；树立生态文明理念，打造绿色文化；拓宽员工义务植树尽责渠道，提升尽责率，中国石油天然气集团有限公司联合全国绿化委员会办公室、中国绿化基金会发起"我为碳中和种棵树"项目。项目于 2022 年 3 月 10 日在全民义务植树网发布，面向中国石油天然气集团有限公司员工及社会公众募集资金，计划募集资金 2000 万元，在企业自有土地生产基地上，通过新建、更新抚育等方式计划集中建设高标准碳汇林，发挥央企实现"双碳"目标的示范作用。已有超过 53 万人参与，成为大型央企参与"互联网＋全民义务植树"的标杆。

2. "中国石化塞罕坝生态示范林"项目。 为深入贯彻和落实习近平生态文明思想，更好地落实习近平总书记在塞罕坝调研时的指示精神，传承好塞罕坝精神，中国石油化工集团有限公司联合全国绿化委员会办公室、中国绿化基金会、河北塞罕坝机械林场发起"中国石化塞罕坝生态示范林"项目。项目于 2022 年 3 月 11 日在全民义务植树网发布，面向中国石油化工集团有限公

司员工及社会公众募集资金，计划募集资金 310 万元，通过在河北省塞罕坝机械林场科学营造混交林、培育复层林，有效改善提升森林质量和生态功能，逐步提升森林生态系统的可持续健康水平。项目募资期结束，捐资额已达计划募集资金两倍多，成为企业参与"互联网＋全民义务植树"的成功案例。

3."黄河流域生态保护修复——义务植树专项行动"。 为贯彻落实党中央、国务院关于黄河流域生态保护和高质量发展的决策部署，积极动员社会各方力量，深入开展义务植树活动，全国绿化委员会办公室、中国绿化基金会选取黄河沿线相关省份重点地区，推出"互联网＋全民义务植树"黄河流域生态保护修复——义务植树专项行动示范项目，推动黄河流域生态环境改善和国土绿化。项目于 2022 年 3 月 12 日在全民义务植树网平台集中向全社会推送，重点推介内蒙古自治区呼和浩特市"献一份爱心 护沿黄生态"项目、陕西省榆林市"绿染沙漠 榆林行动"项目、甘肃省白银市平川区大环境绿化项目、宁夏回族自治区银川市马鞍山生态修复项目作为"黄河流域生态保护修复——义务植树专项行动"为首批示范项目。

2021 年莆田义务植树现场
来源：福建省林业局 ▼

正在采摘的农户
来源：幸福家园项目组

扫码关注

2 幸福家园

种下希望树 ❯❯

　　党的十九届五中全会将"脱贫攻坚成果巩固拓展，乡村振兴战略全面推进"作为"十四五"时期我国经济社会发展的主要目标之一，提出要"实现巩固拓展脱贫攻坚成果同乡村振兴有效衔接"。乡村兴则国家兴，生态兴则文明兴。十四年来，中国绿化基金会幸福家园项目在广西、宁夏、辽宁、云南等地，发动社会各界力量，帮助村民"适地适树"种植经济树种，摸索出一条生态效益与经济效益协同发展的幸福之路。

你零碳了吗?

项目介绍 >>>

种下希望树

　　我国地域辽阔,自然环境复杂多样,不同地域的乡村面临着不同的生存挑战,土地不断沙化、沙漠持续扩张,形成沙尘暴与雾霾的肆虐;一个植物物种的消失和退化,可能成为生态系统崩溃的最后一根稻草……"种下希望树",以"实现绿色产业循环"为目标,通过"互联网+公益"联合社会公众和各界组织参与生态共创和乡村共建,形成生态环境保护、农民家庭增收和区域经济发展三驾并行、循环促进的可持续发展模式,有效推动乡村振兴目标系统化实现。

项目故事 >>>

荒漠中的一点红——枸杞

　　宁夏回族自治区,三面环沙,位于西沙东移的主要通道和前沿地带。全区80%的地域年降水量在300毫米以下,缺林少绿、生态脆弱,是沙尘暴的发源地之一,抗击风沙和稳定收入是当地农民面临的双重挑战。

　　世界枸杞看中国,中国枸杞在宁夏。枸杞产业是宁夏最具地方优势特色的战略性主导产业之一,但长期受困于生态限制的村民,不仅缺少发展枸杞种植的初始生产资料,更缺少种植和养护苗木的技术。

　　86岁的李成华,曾尝试种下2亩枸杞树,但苗木选择的是已经退化的树种,而且剪枝除虫不应时节,导致枸杞树根腐严重,果颗粒小且普遍黑斑,几乎颗粒无收。李成华不得不放弃了枸杞

中宁风沙漫天栽种 ▲
来源：幸福家园项目组

　　的种植，改为易种易收的玉米。但这样家庭收入便入不敷出，生计难以维持。

　　2018年，"种下希望树"项目首次落地宁夏中宁县，点燃了李成华依靠枸杞致富的希望。项目组为李成华和收入较低的村民送来了新培育的'宁杞5号'大果枸杞苗，县林业技术员定期到村里为村民实地讲解枸杞苗木养护要点，每到病虫害易发季节，组织村民共同开展喷药除虫。"枸杞树，真的成为了我们的希望树！"李成华手捧着鲜红饱满的枸杞果，西北老汉皱纹堆叠的脸上露出

正在采摘枸杞的农户 ▲
来源：幸福家园项目组

了笑容。随着林果苗木的不断优化，
"种下希望树"项目正在将最新的'宁
杞 10 号'苗木带给当地收入较低的村
民，帮助他们不断获得可持续发展的
资源和技术。

　　成片的枸杞林，为宁夏增添了大
片的绿色，小气候改善的未来将是区
域性整体生态良性发展的开端，这小
小的成绩和受益村民的笑容，正是您
的爱心与支持所产生的效益。

丰收的喜悦 ▶
来源：幸福家园项目组

山林间的一抹粉——晚秋蜜桃

辽宁朝阳，位于山地丘陵区，属于北温带大陆性季风气候区，夏季高温多雨，冬季寒冷干燥。这里日照充足、昼夜温差较大，桃子的口感清脆甘甜爽口，因此有着悠久的桃树种植历史。

晚秋蜜桃种植地 ▲
来源：幸福家园项目组

但随着外出务工潮的冲击，当地大批适龄青年离乡，农村劳动力急剧减少，水果销售不顺畅，导致许多果园荒废、土地闲置。而留守在家的老人和儿童，守着"七山一水二分田"，只能在地少人多的状态下靠传统农耕填饱肚子。

为农户培训桃树管理技术 ▲
来源：幸福家园项目组

2006 年，纪爷爷退休回到家乡时，看到的就是这样的朝阳。但对"归园田居"生活的向往，让纪爷爷决定在家乡的土地上"二次就业"。他拿出自己的退休金作为经费研究果树知识，承包了50 亩荒山种植晚秋蜜桃；他一只脚残疾，走路有点跛，不能干重体力活，就带着儿女一起种植和管理。功夫不负有心人，桃树林里的累累硕果，终于让全村人看到了希望。越来越多的村民跑到桃园学习种植、管理技术，很多外出打工人员听说后也陆续返乡学习，纪爷爷的"粉丝"越来越多。

历经 20 多年，昔日的荒山变成农民生活的靠山，每年晚秋，村里的桃园一片绯红，是属于朝阳特有的红火和希望。而和返乡青壮年一同回来的，还有老人和孩子企盼多年的陪伴和团聚。

您捐种的每一棵桃树，既可以改善当地生态环境，也能提高农户生活水平，推动农村地区的整体发展，促进乡村经济良性循环。

农户们对桃树定期养护 ▲
来源：幸福家园项目组

秋季结果的桃树 ▲
来源：幸福家园项目组

茶丛中的一抹绿——古茶树

茶是世界三大饮料之一,是中国文化的重要载体。古茶树作为茶树的种质祖先,具有独特的生态、经济和文化价值。但近半个世纪以来,由于过度开发、环境恶化等不利因素,古茶树的生长区域面积已经消失了80%,从20世纪50年代至今,云南省古茶树的生长区域面积由50万余亩下降到仅剩9万余亩。

因干旱而枯死的古茶树 ▲
来源:幸福家园项目组

在整个生态系统中,古茶树发挥着涵养水源、固碳制氧、保护当地生物多样性等重要作用。在茶树自然演变的过程中,古茶树是认证树种起源、分类与种质创新的重要资源。在西双版纳,古茶树种质遗传基础丰富,涵盖了原始和进化的各种类型,是云南茶树的活化石,更是人类文明的重要自然资产。

项目地正在保护中的古茶树 ▲
来源：幸福家园项目组

　　我们将在西双版纳开展土壤保护和树种延续工作。通过对周边村民进行古茶区保护普及讲座、组建巡护队等方式，防止过度开发带来的毁灭性灾难，保护云南省勐腊县古茶区土壤；通过种植新茶树，延续古茶树种质资源，恢复古茶树周边生态链，推动茶产业成为当地乡村振兴的支柱产业。

　　我们期待您通过认养古茶区土壤，用一年时间保护 500 亩古茶树群落生长沃土；或新种 100 亩新茶树，延续古茶树种质资源，"守住茶树之根"。

项目执行成效

　　通过在宁夏、辽宁、云南三地种植枸杞、晚秋蜜桃、古茶树等经济树种，持续改善当地生态环境，实现涵养水源、抵御沙尘、改良土壤、固碳中和、种质延续等生态价值，并提高农户经济收益和生活水平，巩固脱贫攻坚成果，助力乡村振兴。

枸杞 **晚秋蜜桃** **古茶树**

项目执行计划

服务时间

1年

生态树种及帮扶地区

枸杞：宁夏回族自治区
晚秋蜜桃：辽宁省朝阳市
古茶树：云南省西双版纳傣族自治州

受助对象

当地农户

粉丝和企业立牌

▲
粉丝和企业立牌
来源：幸福家园项目组

探访 >>

▶ 中卫市腾格里沙漠徒步体验
来源：幸福家园项目组

141

百万森林项目内蒙古阿拉善项目区航拍图
来源：项目人黄宏军

3 百万森林

腾格里沙漠锁边林项目 》》》

扫码关注

项目背景 ———————————————— 》》》

　　联合国可持续发展目标提出，到 2030 年实现全球范围内土地退化零增长。

　　目前，据《联合国防治荒漠化公约》的相关数据，全世界有52% 的农业用地已中度或严重退化，这直接导致了约 1200 万公顷土地无法产出粮食。受影响最严重的主要是干旱地区，该地区居民达 10 亿~15 亿，约占世界总人口的 20%，这些区域大多非常贫困。

　　我国的荒漠化土地面积大，分布范围广，是世界上受荒漠化危害较为严重的国家之一。同时，土地退化也是我国面临的生态环境问题之一。广袤的西北部地区是我国土地荒漠化最严重的地区，也正面临着土地退化问题。

百万森林项目十周年活动主视觉海报 ▲
来源：中国绿化基金会

项目区域简介 》》》

　　项目区域主要集中在内蒙古自治区阿拉善盟、甘肃省民勤县。在腾格里沙漠的东缘和西缘种植复合型锁边林，促进沙漠生态系统的可持续恢复，同时阻挡沙漠的继续扩张，保护周围的村庄和农田。

百万森林项目内蒙古阿拉善项目区航拍图 ▼
来源：项目人员姜军

项目理念

我们对抗的不是沙漠，而是沙漠化

沙漠本身是地球生态系统的一部分。因为有了沙漠的干燥和海洋的湿润，所以形成了季风，让潮湿的水汽能够到达内陆。而沙漠本身的系统也是平衡的。一旦有了降水，很快就会渗入到地下，会在沙漠的低洼处形成湖泊，在湖泊的周围形成绿洲，维持这样一个生态体系的平衡。

▲ 百万森林项目内蒙古
阿拉善项目区造林图
来源：项目人员姜军

▲ 百万森林项目内蒙古
阿拉善项目区秋季造林
树苗图
来源：项目人员姜军

▲ 百万森林项目内蒙古
阿拉善项目区秋季造
林图
来源：项目人员姜军

百万森林项目内蒙古阿拉善项目区图 ▲
来源：项目人员姜军

沙漠生态系统的修复不是一朝一夕、一树一种能够做到的，**只有通过适地适树、适地适种、乔灌草相结合，工程固沙和生物固沙相结合、人工种植和自然恢复相结合的综合治理模式，**才能营造稳定的沙漠锁边绿色屏障，实现沙漠生态系统的可持续修复。

▲ 百万森林项目内蒙古阿拉善
项目区梭梭图
来源：项目人员姜军

为什么是锁边林　〉〉〉

　　真正的沙漠有花草树木虫鸟兽，是一个稳定良好的生态系统。没有人为干预时，它能自我调节，维持平衡。我们在沙漠的边缘，种下多种沙漠本土原生的防风固沙灌木，如花棒、沙拐枣、梭梭等，建造生态锁边混交林。锁边林建成以后，将为不同鸟类和其他动物们提供安居栖息的家园。沙漠生态的多样性和平衡性逐渐恢复起来，最终能够依靠自身调节能力抵御沙漠化。

百万森林项目内蒙古阿拉善项目区航拍图　▲
来源：项目人员姜军

你零碳了吗？

项目内容 〉〉〉

围绕北方风沙源地开展生态修复，在沙漠和风沙带生态极度脆弱的边缘区域，营造沙漠锁边林示范工程，筑牢北方生态屏障。

生态修复

社区发展

自然教育

与项目地的农户及牧民开展合作造林，提供技术培训以及免费的苗木；农户及牧民后期通过季节性放牧、开展节水农业以及生态旅游等产业增加收入，促进社区经济的可持续发展。

基于生态修复的成果，在内蒙古阿拉善、甘肃民勤两地设立自然教育基地，与全国中小学、大学开展公益探访以及暑期实践合作，为捐赠企业提供自然教育课程。

百万森林项目内蒙古阿拉善项目区航拍图 ▼
来源：项目志愿者李建平

参与方式 >>>

10 元 =1 棵树

百万森林项目内蒙古阿拉善项目 ▲
来源：项目人员姜军

百万森林项目内蒙古阿拉善项目区植树活动 ▲
来源：项目人员姜军

百万森林项目内蒙古阿拉善项目区草方格建设图 ▲
来源：项目人员姜军

百万森林项目梭梭成长日记条

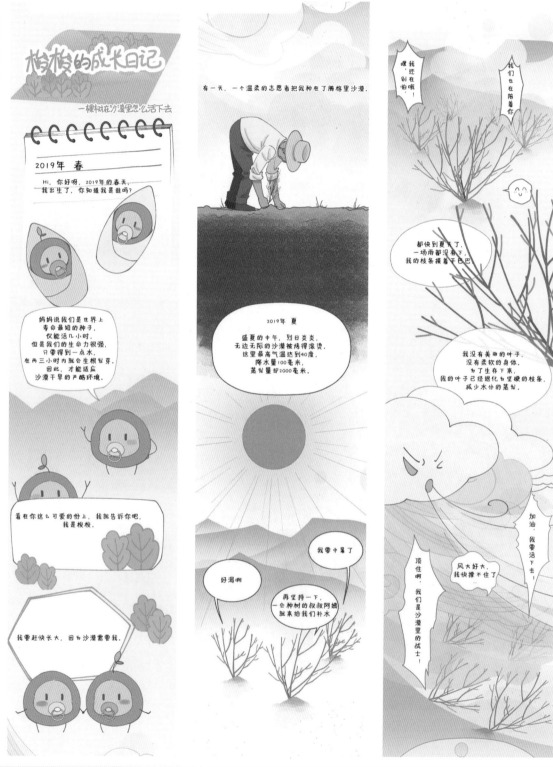

项目已取得成效

修复近 **20** 万亩荒漠化土地 种了近 **1400** 万棵树

　　修复近 20 万亩荒漠化土地，种了近 1400 万棵树。共营造花棒、沙拐枣、梭梭等长达 20 千米的生态林带，成功阻止了沙漠的扩张，减缓了土地沙化的进程。

参与自然教育人次 **2** 万人

　　参与自然教育人次 2 万人（2016—2021 年）。提出"在每个人的心中种一棵树"的理念，在民勤、阿拉善两个项目区域针对当地中小学生、全国青年学生、捐赠企业以及社会团体开展研学营活动以及植树体验活动。

植物种类增加 **100** 多种

　　内蒙古阿拉善项目基地植物种类增加 100 多种。2009 年造林前，基地植物种类不足 10 种，现在已经逐步恢复到 130 多种，通过造林更好地促进了沙漠生物多样性的恢复。

灌木种子超过 **8000** 千克／年

　　内蒙古阿拉善项目区灌木种子超过 8000 千克／年。基地主要采集花棒种子，小规模采集沙拐枣、柠条、沙冬青和梭梭等灌木种子，年均采种量 8000～10000 千克，目前已经成为当地最大的灌木种子基地。

每年农牧民增收 **18900～43500** 元／户

　　内蒙古阿拉善项目区合作造林农牧民平均造林面积 3000～5000 亩，造林成活 5 年后，通过采种及季节性放牧，每年将实现农牧民增收 18900～43500 元／户。

平均每年增收 **14000** 元／户

　　民勤项目区在造林同时开展节水农业、嫁接肉苁蓉等生态扶贫产业，每年平均增收 14000 元／户，直接受益家庭 350 户。

城市自然观察活动 〉〉〉

    通过组织线下环保活动，增进人类与自然的连接，修复人类与自然的关系。内容形式包括徒步 + 清理垃圾、社区垃圾分类、绿色出行、自然体验等。

**百望山森林公园
净山 &
自然观察活动**

百望山森林公园自然观察活动 ▲
来源：中国绿化基金会工作人员

你零碳了吗？

八达岭国家森林公园自然科普活动

在八达岭国有林场为志愿者做自然知识科普 ▲
来源：中国绿化基金会

2021 年，在八达岭国家森林公园引导志愿者给树木涂白 ▲
来源：中国绿化基金会

北京奥林匹克森林公园观鸟活动

奥林匹克森林公园自然观察活动讲解现场 ▲
来源：中国绿化基金会

奥林匹克森林公园自然观察活动 ▲
来源：中国绿化基金会

▲ 白头叶猴
来源：广西崇左白头叶猴国家级自然保护区工作人员

4 自然中国

4.1 云龙天池多重效益森林恢复 〉〉

扫码关注

项目背景 〉〉〉

　　森林是地球上重要的生态系统类型之一，提供了重要且多样的生态系统服务功能，包括维持丰富的生物多样性、调节气候、涵养水源、提供生态产品等。保护森林已经成为政府和公众极为关注的话题，并且投入了大量的公共资源。据中国中央政府门户网站报道，自 2000 年前后启动的"天然林资源保护工程"和"退耕还林工程"在 2000—2010 年间共投入 3000 亿元，在 2010—2020 年，约再投入至少 4000 亿元。然而，据 Global Forest Watch 估算，在 2000—2013 年间，全国森林面积减少 61622 平方千米，平均每年减少 4740 平方千米。变化较大的区域集中在中国南方，其中云南省在 2000—2013 年间森林面积减少 5574 平方千米。

　　云南处于中国三大物种特有中心的核心区域，拥有中国特有脊椎动物 453 种、云南特有种 262 种。云南的生物物种数量多，但分布地域狭窄，种群规模小，特化程度高，一旦被破坏就很难恢复，具有珍稀性和不可替代性。生物多样性和生态系统服务政府间科学政策平台（IPBES）的全球评估报告指出:濒临灭绝的物种,其中许多是数十年之内变成濒危的,已经多达 100 万种,野生动植物栖息地丧失严重,物种保护行动刻不容缓。我国森林覆盖率经过经营,逐渐恢复到 21.63%,但大部分的森林增加是通过单一人工林的种植,并不能满足人类和动植物的可持续利用。因此,科学恢复森林,提高森林生态系统服务功能,拯救濒危物种行动势在必行。

随着生态危机的加剧和公众保护意识的提高,自然保护已经进入了公众视野,公众参与保护的呼声也越来越高。公众参与保护,不仅可以提供客观的社会资本,降低保护的经济成本,还能够从机制上起到对生态破坏以及生态保护成效的监督作用。而现有的森林等自然生态系统的生态产品供给和生态公共服务能力,与公众的期盼相比还有很大差距。人们对森林游憩的需求越来越迫切,然而生态体验设施缺乏,森林难以感知,生态资源还未有效转化为优质的生态产品和公共服务。

基于此背景,云龙天池森林恢复示范及自然教育项目拟整合多方资源,在云南云龙天池国家级自然保护区及其周边社区,科学有效地

火烧迹地森林抚育 ▲
来源:肖斯悦

首届云龙天池自然观察节 ▲
来源：云龙天池多重效益森林恢复项目组

开展多重效益森林恢复，并针对森林恢复区域的生物多样性以及环境因子进行科学地监测研究，同时对新发现的天池片区的滇金丝猴种群进行调查。

项目发起 〉〉〉

　　云龙天池多重效益森林恢复项目由中国绿化基金会联合广汽丰田汽车有限公司发起，通过整合多方资源，科学有效地进行森林恢复，针对森林恢复区域的生物多样性以及环境因子进行科研监测，并对森林恢复区域生态系统完整性的恢复成效进行评价，同时兼顾社区发展，让野生动植物和社区居民都能从森林恢复和保护中受益。

项目目标

　　项目整合多方资源，科学有效地进行森林恢复，兼顾森林的生态和社会等多重效益，让物种和社区都能在森林恢复和保护中受益。

首届云龙天池自然观察节 ▲
来源：云龙天池多重效益森林恢复项目组

首届云龙天池自然观察节 ▲
来源：云龙天池多重效益森林恢复项目组

项目成效

　　2017—2021 年，云龙天池多重效益森林恢复项目顺利完成火烧迹地 1000 亩的植被恢复，并定期开展植被抚育，促进森林更新。通过科研监测对比分析自然更新和人工促进更新森林的生物多样性指标差异，评估恢复成效；通过举办自然观察节让项目的价值和理念得到广泛传播，提升保护区自然教育工作能力的同时，帮扶社区开展自然体验接待和生态产品开发。此外，针对滇西北和滇南森林生态系统中的濒危物种滇金丝猴、怒江金丝猴、金钱豹、云豹等开展空缺调查和保护工作，分别在云南香格里拉德钦县和普洱孟连县对濒危物种及其栖息地开展科研监测，收集自然资源和社区本底资料，并通过社区能力建设培训，联合社区村民共同建立社区保护地。

2022 年，项目将继续为生物多样性的保护和可持续利用、开展生态系统的本底调查、建立公众广泛参与机制等履约活动提供数据支持、案例示范和推广及政策建议。践行人与自然和谐共生的理念，共建美丽中国。

首届云龙天池自然观察节 ▲
来源：云龙天池多重效益森林恢复项目组

首届云龙天池自然观察节 ▲
来源：云龙天池多重效益森林恢复项目组

青头潜鸭
来源：吴秀山

4.2 湿地守护计划——衡水湖青头潜鸭保护 》》

世界濒危物种——青头潜鸭生存状况堪忧 _____ 》》

　　生活条件恶劣、赖以为生的食物不断减少、人类活动侵占栖息地……动物们生活的每一天都在和死亡对抗。

　　青头潜鸭，在 10 年期间数量锐减 50%~70%，现在全球仅存500~1000 只。而这看似不起眼的小小水鸟，却昭示着整个生态环境的恶劣变化……

10 年期间数量锐减
50%~70%

现在全球仅存
500~1000 只

当最后一只青头潜鸭消失，那环境崩坏也将拉开序幕。

人类产生的垃圾越来越多，这些无法短时间内分解的垃圾，会进入生物链循环，最后一站，就是人类的胃。

青头潜鸭 ▲
来源：吴秀山

青头潜鸭 ▲
来源：吴秀山

湿地是地球最重要的自然资源之一，其蓄洪抗旱的作用更是我们对抗天灾的法宝，可由于盲目开垦和改造，我国消失的天然湖泊近 1000 个。

同时，严重的污染情况不仅对生物多样性造成危害，也使水质发生恶化，对人类的身体健康产生影响。

你以为只是少了几块湿地吗？最终的恶果，将会呈千倍、万倍、亿倍反馈到人类自己头上。

湿地已经敲响警钟 ＞＞＞

　　湿地是地球之肾，是地球重要的自然资源，湿地在调节气候、蓄洪抗旱、涵养水源和维持生物多样性方面具有重要的作用，是地球上三大生态系统之一。

　　截至 2018 年，我国湿地面积共 8.04 亿亩，位居亚洲第一、世界第四。但是，由于盲目开垦和改造导致天然湿地面积减少、功能下降。据资料表明，全国围垦湖泊面积达 130 万公顷以上，因围垦而消失的天然湖泊近 1000 个。20 世纪 50 年代，湖北省有湖泊 1332 个，总面积达 8528.2 平方千米；到 80 年代，湖泊个数减少到 843 个，湖泊面积减少为 2983.5 平方千米。

　　随着湿地面积的减小，湿地生态功能明显下降，生物多样性降低，出现生态环境恶化现象。

　　此外，大量工业废水、生活污水的排放，以及农药、化肥引起的面源污染等，使得湿地受到严重污染，不仅对生物多样性造成危害，也使水质发生恶化，对人类身体健康产生影响。再加上过多捕捞等行为，使得天然鱼类资源受到很大的破坏，湿地生物群落结构发生变化，导致生态失衡。

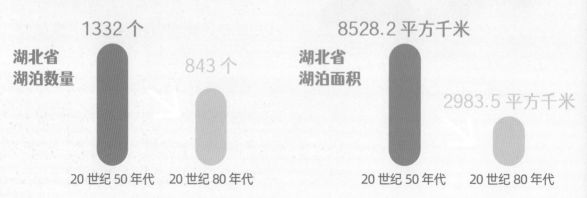

青头潜鸭现状 >>>

　　水鸟作为湿地指示物种，是湿地生态系统中的组成部分，灵敏和深刻地反映着湿地环境的变迁，对生态安全具有重要意义。青头潜鸭主要栖息在有芦苇等水生植物的湖泊中，是全球极危物种。

▲ 困死虾笼的青头潜鸭残骸
来源：卢群

▲ 被偷食的鸟
来源：卢群

青头潜鸭 ▶
来源：吴秀山

165

青头潜鸭 ▲
来源：吴秀山

保护青头潜鸭，就是在保护我们自己 》》》

很多朋友会问：为什么要保护鸟儿？跟我们的生活有什么关系呢？

一个地区的鸟类种类和数量很大程度上反映了这个区域环境质量的好坏，因此保护鸟类就是保护我们自己生存的环境。

> 没有人是一座孤岛，可以自全……任何人的死亡都是我的损失，因为我是人类的一员。

这颗已经 46 亿岁的蓝色星球，是人和动物生存的共同家园，让我们从身边做起，把地球母亲变得更蓝。

我们一人一份小爱，挽救了无数重病患者，让他们得以与家人重逢。现在，我们同样只要付出一份小小的爱心，挽救的，却是我们自己。

拯救地球的不是超级英雄，是生活在这片土地上的你。

4.3 秘境下的白头叶猴 》》

▲ 白头叶猴
来源：广西崇左白头叶猴国家级自然保护区工作人员

　　白头叶猴是世界濒危、国家一级保护野生动物，更是我国特有的灵长类动物。20 世纪 50 年代，由于毁林开荒、非法盗猎等，白头叶猴栖息地不断萎缩，到 80 年代初种群数量仅 300 多只。广西壮族自治区崇左市建立保护区后，先后实施白头叶猴栖息地恢复、生态廊道建设，建成白头叶猴食源植物园，促进白头叶猴种群健康发展，种群数量已增加到 130 多群、1300 多只。目前白头叶猴野生种群仅分布在广西崇左白头叶猴国家级自然保护区和广西弄岗国家级自然保护区。

白头叶猴
来源：广西崇左白头叶猴国家级自然保护区工作人员

　　保护白头叶猴的工作任重道远，猴儿生存的喀斯特石山，栖息地破碎化严重，它们的习性生长规律等需要被记录，才能为研究人员提供更专业的数据，进行更科学的保护。如今，自然保护区的影像记录也日趋被人们所重视，白头叶猴生动鲜活的影像输入到城市，让更多人认识该物种，更多人参与到白头叶猴栖息地的保护中。

保护区工作人员开展巡护监测工作 ▲
来源：广西崇左白头叶猴国家级自然保护区工作人员

白头叶猴 ▲
来源：广西崇左白头叶猴国家级自然
保护区工作人员

秘境下的白头叶猴项目通过整合社会资源，为保护区募捐一定数量的红外相机等监测装备、护林员的护林服等基础设备，让珍稀野生动物和人类拥有一场不被打扰的相逢，推动保护区获取更多的第一手、多样性的监测资料，建立和完善白头叶猴这一物种的影像资料库，进一步开展后续的科学研究、科普和保护工作。

白头叶猴 ▶
来源：广西崇左白头叶猴国家级
自然保护区工作人员

4.4 熊猫守护者 ▶▶▶

项目背景

  长期以来，憨态可掬的大熊猫在海内外都拥有众多粉丝。但是由于人类活动和自然隔离给大熊猫的生存带来的严重威胁，目前我国还有 42% 的大熊猫栖息地没有被纳入自然保护区。来自国家林业和草原局的统计数据显示，由于自然和人为干扰，大熊猫野外种群被分割成了 33 个局域种群，其中 24 个存在较高的生存危险，涉及大熊猫 223 只，约占整个野外种群总量的 12%。保护大熊猫栖息地成为保护大熊猫工作的重中之重，迫在眉睫。

中国大熊猫的历史起伏

　　大熊猫属于食肉目大熊猫科，是中国特有物种，野生种群仅分布于四川、甘肃、陕西三省，到目前为止，国家林业主管部门共进行过四次全国性调查。第一次全国性调查在 1974—1977 年，当时大熊猫种群数量为 2459 只，1985 年中国开始第二次调查，到 1988 年结束，大熊猫种群数量迅速下降到 1114 只，不及 10 年前的一半。1999—2003 年，国家林业部门进行了第三次调查，大熊猫数量逐步回升，达到 1596 只。从 2011 年 10 月开始，国家林业局启动了第四次调查，历时三年，投入 2000 多人，调查结果发现，大熊猫种群数量进一步上升到了 1864 只。

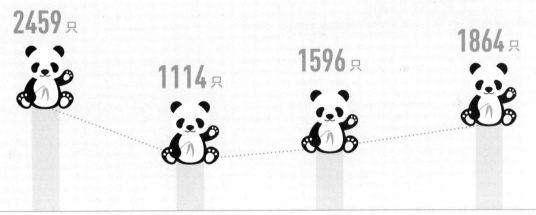

| 1974—1977 年 | 1985—1988 年 | 1999—2003 年 | 2011—2014 年 |

项目介绍

　　"熊猫守护者"是中国绿化基金会联合微博共同发起的社会化生态保护公益行动，利用微博社交媒体平台开发线上互动产品，引导用户线上种植竹子，从而缓解大熊猫栖息地"碎片化"问题，进而推动秦岭等地的自然生态建设，并通过这一行动降低公众参与公益的门槛，搭建社会参与生态保护的平台。

项目意义 〉〉〉

1. 降低公众参与公益的门槛

　　"熊猫守护者"的公益创意将虚拟与真实深度结合，充分调动了公众参与公益的兴趣和热情，公众参与公益不仅仅只有捐赠一种模式，每个人都可以利用碎片化的时间随手做公益，表达善意和社会责任感。

授予明星代表"春种体验官"奖牌
来源：熊猫守护者项目组
◀

春种体验营活动启动仪式"熊猫"宝宝们　▲
来源：熊猫守护者项目组

熊猫守护者项目品牌形象海报 ▲
来源：熊猫守护者项目组

2. 引领社会关注生态保护

"熊猫守护者"搭建了专业公益平台，汇聚了政府、媒体、公益机构、明星、"大V"等各方面的力量。截至目前，近千位名人明星通过微博加入守护者队列，其中，既有一线野保巡护人员、动物研究专家学者，也有动物保护公益组织等，不断助力野生动物科普公益内容传播。

在微博上熊猫守护者建立了"滚滚小课堂"大熊猫保护专属话题，话题阅读量超过5千万，通过微博联动专家解答网友提问、大熊猫知识有奖互动多种形式的科普知识传播，引发公众互动参与热情。熊猫守护者相关科普单条微博转、评、赞数量平均超过2000，"熊猫守护者"超级话题更是拥有超过10万超级活跃粉丝，刚刚结束的熊猫守护者微博答题活动中，创造了125万的最高在线粉丝纪录。这些"互联网+"公益的策划形式，扩大了触达的人群范围，降低了公众参与公益的门槛，提高了全民保护自然的兴趣，唤起了微博用户关注生态、保护地球家园的意识，使得微博成为自然生态与科学知识的社会化传播的首选平台。

3. 实现微博产品公益创新

2012 年，微博正式推出微公益平台，上线了"个人救助、品牌捐、微拍卖、转发捐助"四款产品，通过联动政府、媒体、企业、名人明星企业家等领域重要用户，建立了一套快速、全面、有效的公益传播与募捐体系，成为国内最具影响力的社会化公益平台之一。2016 年 9 月 1 日，微公益成为《中华人民共和国慈善法》出台后民政部首批慈善组织互联网募捐信息平台。2017 年 11 月，微博将公益目标与互联网产品深度结合，与中国绿化基金会合作发起了"熊猫守护者"公益行动，微博开发了线上互动产品，所有微博用户都可以在上面养成虚拟竹子，活动发起者会根据线上虚拟竹子的数量，结合大熊猫栖息地的实际自然条件，在陕西秦岭等地种植真实的竹子，缓解大熊猫栖息地碎片化问题，守护熊猫滚滚的家园，微博新公益生态模式开始成长。除捐赠竹子外，"熊猫守护者"于 2018 年 9 月上线"熊猫手信"功能，用户可用微力值兑换生活在秦岭地区的野生动物照片，用户在"熊猫手信"累计兑换 5 万张照片就能募集到 1 台红外相机，用于大熊猫等野生动物的科学监测。新功能上线 20 小时内，5 万张熊猫手信就迅速兑换完成。

同时，"熊猫守护者"充分发挥微博的"大 V"红人资源，通过微博红人计划，邀请 9 位微博红人义卖自行设计的公益 T 恤，将所得 20 万余元全部捐赠熊猫守护者项目，专项用于购置红外相机。

项目成效 ⟫⟫⟫

截至 2021 年 12 月，熊猫守护者募资近 700 万元，开通用户超过 2000 万，话题阅读量超过 150 亿，在陕西佛坪、楼观台、摩天岭、长青和太白等地完成植被修复竹林栽植 55 万蔸，超过 83.8 万用户在微博上成功兑换竹子。以大熊猫保护带动的东北虎豹、雪豹、白眉长臂猿等野生动物保护互动新产品森林驿站上线后，话题阅读量超过 29.4

亿，讨论达 1731 万条，汇聚了政府、媒体、公益机构、明星、"大 V"
等各方面的力量，超过近千位名人明星通过微博加入守护者队列。

　　"熊猫守护者"公益项目，一是打通了线上线下的藩篱，让线上
近 4 亿用户能在社交、娱乐中随手公益。二是实现了生态保护与扶贫
开发的高度契合，将线上种植的虚拟竹子交由当地居民种植和抚育管
护，帮助当地居民创收，实现生态保护与扶贫开发的双公益目标。

棕色大熊猫七仔
来源：熊猫守护者项目组
▶

4.5 雪豹守护行动 ▷▷

项目介绍

　　雪豹，被誉为"雪山之王"。作为高山生态系统的顶级食肉动物，雪豹种群还影响着整个高山生态系统的完整与健康，素有"高海拔生态系统健康与否的气压计"之称。

　　近年来，在人类活动的不断增强与全球气候变化加剧的影响下，雪豹赖以生存的栖息地正在遭受破碎化等威胁，生存状况不容乐观。维护生态健康，积极应对环境问题，是每个社会公民应尽的责任和义务。而关注并解决如雪豹等濒危动物的生存问题，不仅是保护生物多样性的必然要求，更是人类寻找可持续发展的途径之一。

山间行走的雪豹
来源：幸福家园项目组
▼

红外摄像机自动拍摄的雪豹
来源：幸福家园项目组

中国绿化基金会在北京大学启
动"世界屋脊守护者：2018 青
藏高原雪豹守护行动"
来源：幸福家园项目组

　　"雪豹守护行动"项目，是中国绿化基金会"幸福家园"品牌下
的一项重大公益行动，邀请社会各界环保公益力量，与雪豹卫士们一起，
助力藏东丁青及祁连山地区雪豹及其栖息地的保护。该环保公益项目，
旨在改善雪豹种群的生存状况，进而促进对整个高原山地地区生态系
统的维护，为当地的物种保护、草地恢复、水源涵养等作出一定的贡献。
保护濒危物种，也是守护人类自己，"雪豹守护行动"项目，将凝聚
更多的公益环保力量，去共同守护我们的地球家园。

相关说明

目前，全球约 60% 的雪豹栖息地及雪豹种群分布在中国。然而近年来，受人为活动、气候变化等诸多因素的影响，雪线上升，进一步挤压雪豹的栖息地，并导致雪豹栖息地的破碎化，雪豹种群正在遭受一系列的威胁与挑战。

在过去的一年里，红外相机监测记录到了雪豹、白唇鹿等众多珍稀动物的影像。

| 雪豹 | 马麝 | 狼 | 白唇鹿 |

我们将着重从科学监测、保护和社区发展、科普宣教三个方面，持续对雪豹及其栖息地开展科学监测和反盗猎巡护，并通过祁连山国家公园管护站进行环境宣教，提升管护员能力。

▶
红外相机拍摄到的东北豹
来源：国家林业和草原局东北虎豹监测与研究中心

4.6 保护野生东北虎豹 ▶▶

项目介绍 ▶▶▶

　　保护野生东北虎豹是幸福家园品牌项目之一。由于森林破坏、猎杀等一系列的人为活动干扰，在 2005 年，北京师范大学虎豹研究团队一行人穿过林海，跨过雪原，一头扎进了东北森林的腹地进行考察工作，这一做就是 13 年。他们终日风餐露宿，与野兽为伍，被戏称为"野人"。他们走遍了吉林、黑龙江东部的所有山头，观察了每一条东北虎豹可能出现的路线。一天又一天，他们就这样徒步穿行了 2 万平方千米的森林，亲手安上了 3000 台红外摄像机，这是世界上首次在这么大的区域里布下红外相机监测网，覆盖了中国境内东北虎豹可能栖息的地方。研究成果得到了国家的特别重视，建立了面积比美国著名的黄石国家公园还要大 60% 的东北虎豹国家公园，以此来恢复东北虎豹种群和生态系统。2012—2014 年，监测数据显示中国境内生存至少 27 只野生东北虎和 42 只野生东北豹。

红外相机下的东北虎 ▲
来源：国家林业和草原局东北虎豹监测与研究中心

国家林业和草原局东北虎豹监测与研究中心已经成立，将在未来继续为野生虎豹恢复提供科学支撑。现阶段的虎豹保护行动，已经有了科研团队的专业指导和国家的大力支持，计划采用多种不同的形式开展活动。线上线下宣传活动同步进行，10元捐一份虎豹保护金，支持科研监测巡护、替代生计社区保护和公众宣教等保护。缓解当地居民生产生活与东北虎豹生存之间的矛盾和冲突，让虎豹长啸，世代栖息。

雪地中的东北虎和东北豹 ▲
来源：国家林业和草原局东北虎豹监测与研究中心

组建村民巡护队

专家进行专业培训，携手当地村民组建村民巡护队，保护家乡动物。为预备巡护员们进行野外导航、野外手持终端使用方法、科学样品采集方法、野外安全防护等培训。

巡护中发现了兽夹、兽套，在森林中面对这些对东北虎豹及其猎物造成生命威胁的工具，亲手拆除的过程中也完成了由村民向保护者的身份转变；而巡护中按照科学方法采集、从山里一步步背回的动物粪便，也成为科学研究、有效保护虎豹的一手素材。

在东北虎豹国家公园，携手社区居民，探索发展切实有效的替代生计，减轻对虎豹栖息地的压力、干扰和破坏，为虎豹生存腾出空间，还野生虎豹安稳的栖息家园。

巡护中摘下的猎套
来源：巡护队人员
▶

组织当地村民进行第一次野外巡护培训 ▲
来源：巡护队人员

典型人物——"追虎侠"李冬伟 〉〉〉

挂好相机 5 分钟后拍到"英雄虎妈"
老虎曾在他身后 1 米捕食成功

李冬伟巡山途中
来源：与虎豹同行项目组
▼

"大家都叫我'虎侠东哥'！"40 岁的李冬伟皮肤黝黑，家里客厅摆满了玩偶，最多的是老虎。受他的职业影响，12 岁的儿子和 3 岁的女儿最喜欢的动物也是老虎。

李冬伟是东北虎豹国家公园珲春市局巡护队队长，林海雪原追踪虎豹足迹 10 多年。10 多年前，他只是跟随林业局工作人员进山的志愿者，"能坚持下来，还是因为喜欢动物。"

据东北虎豹国家公园珲春市局工作人员介绍，现在李冬伟的巡护队有 20 多人，10 多年坚持下来的人非常少，2021 年新招的 30 人，目前只留下 10 人。

▲
巡护队一起巡山
来源：与虎豹同行项目组

　　"除了爱好，还有对体力的要求很高。"1月18日，吉林珲春市哈达门乡农坪沟的密林旁，李冬伟带领着20余名队员进山，这一次他们要在山间步行4小时，每个人都背着方便面和一壶热水，每个人手里还握着手机大小的GPS定位器，发现猎套或者动物他们就随地打点标记。

与虎结缘——从"受害者"变保护者
　　珲春属于延边黄牛的重要产地，李冬伟也是一名"放牛娃"，兼做一些山货买卖。

　　2010年一天夜里，李冬伟家里放在山坡上的一头黄牛被猛兽咬死。经验判断，这是一只东北虎闯进了放牛场。根据吉林省的补偿办法，李冬伟家可以获得一笔补偿。

　　事发第二天，林业部门的工作人员到现场做鉴定。途中，30米宽、齐胸的珲春河挡住了一行人的去路。正在大家一筹莫展时，28岁的李冬伟说，他可以先过去看看。

　　"当时就想着千万别让相机进了水。"李冬伟一只手举着相机，慢慢向对岸游去，顺利蹚过河流，拍完了现场照片。

　　李冬伟说，牛被老虎吃了，造成了损失，有的老百姓是有点恨老虎的，但他觉得这里本来就是野生动物的家园，"牛生活在老虎的领地被吃了，也是很正常的。"

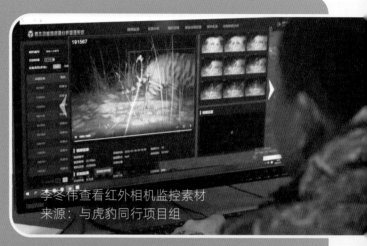

李冬伟查看红外相机监控素材
来源：与虎豹同行项目组

这一次经历，让李冬伟在林业部门工作人员心中留下了深刻印象。2012 年，山林里长大，身体素质好，又喜爱野生动物的李冬伟，成为林业部门的志愿者，开始了上山巡虎的历程。2015 年，珲春市林业局巡护队成立，他顺利加入了巡护队，并当上了队长。

与虎相遇——老虎曾在他身后 1 米捕食成功

"在印度有一句谚语，当你第一次看到老虎时，它已经凝视你了一百次。"谈及巡山经历，李冬伟说，自然状态下，他离老虎最近的距离是 1 米。

老虎捕食鸡
来源：与虎豹同行项目组

2016 年的 7 月，根据监测需求，他们需要设法拍下老虎两侧的花纹，来确定到底是哪一只老虎在附近的丛林活动。晚上 8 点多，天色已经全黑，李冬伟与队友在树林里绑好了红外相机，把一只鸡放在了红外相机能拍摄到的地方。

　　"就转身走了一步，第二步都还没落下来，耳边就传来了虎随风起的声音。"李冬伟回忆起当时的场景，仍心有余悸，他刚转身准备回到车内，就听到了动静，再一回头时，只见老虎叼着鸡，已经扭转着身体钻进了旁边的树林。

　　"可能我下车的时候，老虎就在旁边的草丛里盯着，等我绑完离开后它就立马出来了，而且是非常轻盈，行云流水般的动作。"李冬伟直言，在那个瞬间看到老虎，其实并没有机会感到害怕，看到它叼走食物的动作一气呵成，也知道自己是安全的。"只是后来分析回想起，老虎可能盯了我很久，有些毛骨悚然。"

　　不过，最让李冬伟害怕的是第一次拍虎。"打开相机，看到第一次拍到老虎，高兴地当场嗷嗷大叫，后面看时间才吓出一身汗。"

老虎在丛林中匍匐观察
来源：与虎豹同行项目组

　　2013 年 10 月一天下午，李冬伟接到了一个林蛙场员工的电话，说有东北虎出现在附近。"那时候老虎信息比较少，还是个周末下午，其他同事都不在。"拍虎心切，李冬伟拿上红外相机，一个人就上山去了。

　　下午 4 点多，天已经黑了，研判了老虎可能行走的路径后，李冬伟开始清理灌木丛，布设红外相机。6 点结束布设后下山，回到家已经晚上 8 点半。

　　"看了拍摄视频，感觉非常吓人。"两个半月以后，李冬伟去取相机的时候，发现一共拍到了 11 个视频，其中 7 个拍到老虎，"在我离开不到 5 分钟的时间，老虎就进入画面了，挨个在树枝上嗅着我的气味。"

这只老虎，最早被科研团队拍到，是中国境内首次拍到的东北虎家族中的虎妈妈。"我们晚拍到几个月。"李冬伟说，这只虎妈妈当时带着 3 个幼崽，处在哺乳期，攻击性很强。"我布设相机的时候，它已经在不远处看着我，现在都觉得后怕。"

为虎清道——仍会义无反顾保护野生动物

李冬伟的巡护队，巡护范围超过 600 平方千米，他们将其划分成了 2（千米）×2（千米）的网格，每次上山严格按照网格走，在两点之间走直线。"遇到山我就爬过去，一天可能会爬十几次山头，每天就是不停地上山、下山，身体素质不好的人根本干不下去。"

李冬伟认为，网格巡护的方法，阻断了大家挑缓坡路走的"偷懒"心思，直线行进能更高效完成清山清套任务。"我们现在每天的标

解除套子 ▲
来源：与虎豹同行项目组

配是 5 小时以上，在山上步行得有 8 千米以上的路程。"李冬伟介绍，来来回回有许多人加入巡护队，但很多人因体力不支而退出，现在的巡护队队员不乏 90 后的身影，他们在雪地中，深一脚浅一脚地将足迹布满整个陡坡，守护净山。

　　"现在不敢答应孩子任何事情。"谈及护林清山与家庭之间的平衡，李冬伟眼神里透露出惭愧，这份工作让他缺失了许多陪伴孩子成长的时间。有一年六一儿童节，他答应了要带儿子去公园玩，出门的时候突然接到了巡护电话，无奈之下他带着儿子去巡山。"虽然也算是陪孩子以特别的方式过了节日，但这件事对我触动挺大的，不希望自己在孩子面前是个不遵守约定的父亲。"

与家人其乐融融 ▲
来源：与虎豹同行项目组

　　家中的一儿一女，基本上都是李冬伟的妻子照顾着，她表示，早些时候的确有些不理解他这又苦又累的工作，但是后来见着他拍到老虎后眼神中放光的兴奋，自己也会跟着开心。李冬伟谈到，有时妻子生病了还要照顾孩子，"她肯定会抱怨啊，但我也会送她一些小首饰什么的，好好哄哄她。"

　　"人这辈子其实挺短暂的。"李冬伟迷茫的时候也会思考，从10年前什么都不懂，志愿参加巡护工作到现在被大家称为"土专家"。严寒环境、透支体力、责任担当……李冬伟每次面对周遭的困难都是咬咬牙，顶着压力扛过去，"刚入行一分钱工资没有，现在一个月能拿2500元，东北虎豹国家公园也成立了，一切都在好起来。"

　　"如果重新来一次，我还会坚持当初的选择。"李冬伟说，现在正努力完成清山清套任务，清除老虎回归道路上的一切障碍，让众山皆有虎的日子早些到来。

4.7 中国自然观察节 »»

2020 密云自然观察体验活动正式启动 »»

　　2020 年 9 月 27 号，中国绿化基金会迎来它的 35 岁生日。作为中国生态公益事业的有力支持者，中国绿化基金会 35 周年以"中国生态公益嘉年华"为主题，以"自然中国""百万森林""绿色公民行动""幸福家园"四大品牌项目为依托，邀请 35 位明星组建中国生态公益星团，开展涵盖中国自然观察节、守护森林、倾听大自然、全民公益跑、摄影艺术展等多维度全民生态公益倡导行动，旨在推进国土绿化、建设生态文明、维护生态平衡、倡导促进人与自然和谐可持续发展。

活动举办地入口处标牌 ▲
来源：中国自然观察节项目组

▲
公众参与自然观察体验活动合影留念
来源：中国自然观察节项目组

8月22日，由中国绿化基金会、北京银行、北京市密云区锥峰山国有林场主办，北京国盛环科生态科技研究院承办的"中国自然观察节"——2020密云自然观察体验活动正式启动。本次活动以"探索自然奥秘、感受自然之美"为主旨，邀请了50余名城市公众在锥峰山林场进行了自然体验。

做手工记自然之美　▲
来源：中国自然观察节项目组

观察探索前的事项讲解　▲
来源：中国自然观察节项目组

领队人员给同学们科普观察到的物种　▲
来源：中国自然观察节项目组

锥峰山国有林场属于西燕山山脉余脉，位于密云大城子镇，这里生长着 300 多公顷的天然侧柏次生林，是华北地区最大、保持最完整的天然侧柏林区。它具有典型的森林生态体系特征，除了天然侧柏，还有荆条、红果、梨、杏、刺槐、椿树、酸枣、山桃等多种蜜源植物，为培育优质的蜂种'密云一号'提供了得天独厚的自然条件，带动了密云周边养蜂业的发展。它的生物多样性也为开展自然观察和体验活动提供了天然的教室，为参与者创造了一个认识森林、感受森林，在森林里疗愈身心的休憩空间。

林场育种的蜂箱 ▲
来源：中国自然观察节项目组

可爱的蜜蜂朋友们 ▲
来源：中国自然观察节项目组

林场育种的蜂箱 ▲
来源：中国自然观察节项目组

在一天的活动中，经验丰富的自然体验师设计了不同的生态游戏，带领大家进入森林里的真实生活情境，认识森林生态系统的功能及各物种之间的关系。随后，还为大家介绍了常见的自然观察方法，在选定的森林小径中，分组带领大家调动多种感官来感受森林的特点。最后，大家通过亲手创作以特色物种侧柏为主题的天然香薰日用品，来表达心中感受到的自然之美，把在森林里的美好回忆和天然气息带回家，时刻铭记大自然对人类的滋养。

▲ 手工制作的特色物种主题香薰
来源：中国自然观察节项目组

此次活动是由中国绿化基金会发起的"中国自然观察节"在2020年北京地区的首次公众体验活动，是继云龙天池自然观察节之后，面向公众开展自然教育的又一探索和尝试，希望借此营造公众参与并践行生态文明建设的氛围，向全社会传递生态保护的价值，倡导环境友好的生活方式。

▲ 锥峰山植物图片
来源：中国自然观察节项目组

▲ 云南西双版纳国家级自然保护区，一群亚洲象在水中嬉戏
来源：西双版纳亚洲象保护协会

4.8 为生命呐喊——拯救濒危亚洲象行动 》》

项目背景

　　2016 年以来，联合国环境署在全球范围内开展"为生命呐喊"的倡导。项目自推出以来，通过强大的社交网络媒体力量，在名人伙伴的影响和推动下，让公众意识到保护野生动物的重要性。

　　"为生命呐喊——拯救濒危亚洲象行动"由联合国环境署携手中国绿化基金会共同发起，是"为生命呐喊"倡导在中国的落地项目，旨在通过开展亚洲象生境恢复的保护，为其他国家亚洲象及野生动植物的保护树立实践样本。

项目内容

1. 栖息地修复

通过人工辅助更新的方式，种植亚洲象等野生动物喜食的野生植物，建设人工湿地和硝塘，提高原有栖息地的适宜性，将修复的区域变成亚洲象的食堂、会客厅，引导亚洲象逐渐回归森林，将大部分亚洲象稳定在原有栖息地内，遏制人象冲突进一步加剧，恢复人象和谐。

2. 野象救助

救助在野外受伤的、被遗弃的亚洲象，安置在西双版纳亚洲象救护与繁育中心进行日常的医疗护理以及野化训练，等其恢复健康后，重新放归森林。同时，改善救助象的生活条件、医疗条件。

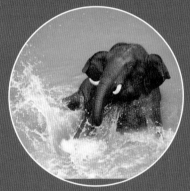

云南西双版纳国家级自然保护区，一头亚洲象在河中戏水
来源：西双版纳亚洲象保护协会

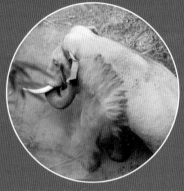

云南西双版纳国家级自然保护区，一头亚洲象在进行沙浴
来源：西双版纳亚洲象保护协会

云南西双版纳国家级自然保护区，象群在河中戏水
来源：西双版纳亚洲象保护协会

云南西双版纳国家级自然保护区勐养片区草坝箐区域，红外相机拍到一群亚洲象在森林中漫步 ▲
来源：云南西双版纳国家级自然保护区管护局勐养管护所

3. 保护能力提升

为了能够更好地开展亚洲象保护工作，本项目将支持采购一批野外监测设备，并编制科学合理的野外监测方案，持续开展野外监测工作，为保护决策提供科学依据。每年邀请行业专家为巡护员授课，定期组织专业能力培训。同时，开展一些关于亚洲象及栖息地的基础研究，进一步提升对亚洲象的科学认知。

4. 社区发展及公众自然科普

项目将根据当地社区发展的实际情况，在试点村寨发展社区替代生计，帮扶引导当地居民的生计类型由资源依赖型向环境友好型转变，从而在一定程度上缓解人象冲突。同时，在保护区内部及周边社区开展宣教工作，提升当地居民的生态保护意识，让当地社区形成"观象、识象、护象"的良好氛围，为保护工作的持续开展打下良好的群众基础。

云南西双版纳野象谷，两头亚洲象在觅食
来源：西双版纳亚洲象救护与繁育中心

阶段性成果　　　　　　　　　　　　　　　　　　　》》》

1. 2020—2021 年，该项目选择了位于保护区勐养片区草坝箐和南洼田的两块退耕地作为实施地点，修复面积超过 160 亩。通过建设人工湿地、硝塘，合理种植亚洲象等食草动物的喜食原生植物，提升栖息地适宜性。

2. 项目实施以来，监测结果显示，亚洲象等野生动物在该地块的活动明显增加，初步达到了项目的预期目标。

3. 通过支持翻修亚洲象救护与繁育中心的象舍以及其他配套设施，改善了救助象的居住条件，并通过食物、药物等物资支持，缓解了亚洲象救助中心的日常运营压力。

云南西双版纳国家级自然保护区勐养片区的草坝箐地区，中国绿化基金会 2020 年"亚洲象栖息地修复"项目立牌
来源：中国绿化基金会

云南西双版纳国家级自然保护区勐养片区的草坝箐地区，中国绿化基金会 2020 年"亚洲象栖息地修复"项目中建设的人工湿地，为野生动物提供水源
来源：中国绿化基金会

参考文献

[1] 韩香玉 , 卢照方 . 温室效应和温室气体监测 [J]. 分析仪器 ,2011(06):72-74.

[2] 任志艳 . 关中地区气候变化适应方略与可持续发展模式选择 [D]. 西安 : 陕西师范大学 ,2015.

[3] 邹才能 , 熊波 , 薛华庆 , 等 . 新能源在碳中和中的地位与作用 [J]. 石油勘探与开发 ,2021,48(02):411-420.

[4]Zhu Liu,Philippe Ciais,Zhu Deng,et al..Near-real-time monitoring of global CO_2 emissions reveals the effects of the COVID-19 pandemic[J].Nature Communications, 5172(2020).

[5] 黄建平 , 陈文 , 温之平 , 等 . 新中国成立 70 年以来的中国大气科学研究 : 气候与气候变化篇 [J]. 中国科学 : 地球科学 ,2019,49(10):1607-1640.

[6] 杨帆 . 人类命运共同体视域下的全球生态保护与治理研究 [D]. 长春 : 吉林大学 ,2020.

[7] 何一鸣 . 国际气候谈判影响因素与中国的对策研究 [D]. 青岛 : 中国海洋大学 ,2011.

[8] 翟晓汀 . 碳中和 "元年" 启步 [J]. 经济 ,2021(02):40-45.

[9] 李强 . 中国为全球气候治理作出卓越贡献 [N]. 中国社会科学报 ,2021-5-13(A03).

[10] 王传星 . 江苏省能源消费与温室气体排放研究 [D]. 南京 : 南京农业大学 ,2010.

[11] 周路雪 . 金融发展对碳排放的影响研究 [D]. 北京 : 北京交通大学 ,2019.

[12] 丁茜 . 技术进步对中国碳排放的影响机制及实证研究 [D]. 杭州 : 浙江工商大学 , 2020.

[13] 徐昱东 .FDI 贸易开放与 CO_2 排放 : 以山东省为例 [J]. 科研管理 ,2016,37(08):76-84.

[14] 王钰乔 , 濮超 , 赵鑫 , 等 . 中国小麦、玉米碳足迹历史动态及未来趋势 [J]. 资源科学 , 2018,40(09):1800-1811.

[15] 王兴 , 赵鑫 , 王钰乔 , 等 . 中国水稻生产的碳足迹分析 [J]. 资源科学 ,2017,39(04):713-722.

[16]IPCC.Climate Change 2021:The Physical Science Basis[M].UK:Cambridge University Press, 2021.

[17] 王国法 . 碳中和背景下，煤炭的坚守与转身 [N]. 中国煤炭报 ,2021-2-6(3).

[18] 秦傲寒 , 侯星星 . 全球碳排放市场机制现状及发展动向 [J].中国船检 ,2021(05):77–81.

[19] 邵常清 . 解码碳中和 [J]. 张江科技评论 ,2021(04):6–7.

[20] 潘家华 . 压缩碳排放峰值 , 加速迈向净零碳 [J]. 环境经济研究 ,2020,5(04):1–10.

[21] 强化应对气候变化行动——中国国家自主贡献 [N]. 人民日报 . 2015–7–1 (022).

[22] 习近平 . 继往开来, 开启全球应对气候变化新征程 [N]. 人民日报 . 2020–12–13(002).

[23] 焦丽杰 . 碳达峰和碳中和的内涵及其背景 [J].中国总会计师 ,2021(06):37–38.

[24] 龚维 , 李俊 , 何宇 , 等. 发展林业碳汇推动三北防护林体系建设 [J]. 生态学杂志 , 2009,28(09):1691–1695.

[25] 胡钰 . 农业既是温室气体排放源又是巨大碳汇系统 [N/OL].中国环境报, 2021–9–17. http://49.5.6.212/html/2021–09/17/content_69971.htm.

[26] 于昊 . 碳中和成为国家战略后 , 必须要知道的几件事 [J]. 电器 ,2021(07):17–19.

[27] 李俊峰,李广. 碳中和——中国发展转型的机遇与挑战[J].环境与可持续发展,2021, 46(01):50–57.

[28]IPCC.Special report on global warming of 1.5℃ [M].UK:Cambridge University Press,2018.

[29] 赵荣钦 , 刘英 , 李宇翔 , 等. 区域碳补偿研究综述 : 机制、模式及政策建议 [J]. 地域 研究与开发 ,2015,34(05):116–120.

[30] 苏明 , 傅志华 , 许文 , 等. 碳税的中国路径 [J]. 环境经济 ,2009(09):10–22.

[31] 科技舆情分析研究所 . 碳交易 : 如何聚"碳"成"财" [J]. 今日科技 ,2021(08):46–48.

[32] 廖文龙 , 董新凯 , 翁鸣 , 等. 市场型环境规制的经济效应 : 碳排放交易、绿色创新 与绿色经济增长 [J]. 中国软科学 ,2020(06):159–173.

[33] 薛亮 . 各国推进实现碳中和的目标和进展 [J]. 上海人大月刊 ,2021(07):53–54.

[34] 生态环境部 . 碳排放权交易管理规则 (试行) [A/OL].[2021–05–17].https://www. mee.gov.cn/xxgk2018/xxgk/xxgk01/202105/t20210519_833574.html.

[35]Department of Trade and Industry(DTI) . UK Energy White Paper: Our Energy Future —Creating a Low Carbon Economy[M]. London: TSO, 2003.

[36] 刘旌 . 循环经济发展研究 [D]. 天津 : 天津大学 ,2012.

[37] 袁康 . 绿色金融发展及其法律制度保障 [J]. 证券市场导报 ,2017(01):4–11.

[38] 曹明弟 . 论"一带一路"绿色金融相关主体行为要领 [J]. 环境保护, 2017(16):16–22.

[39] 屠行程. 绿色金融视角下的绿色信贷发展研究 [D]. 杭州：浙江工业大学,2014.

[40] 郭伯威. 发展绿色金融,高效助力"碳中和"[N].21世纪经济报道,2021-01-11(004).

[41] 王紫星. 全球及我国碳市场发展现状及展望 [J]. 当代石油石化，2020, 28(6):6.

[42] 周守为，朱军龙. 助力"碳达峰,碳中和"战略的路径探索 [J]. 天然气工业，2021, 041(012):1-8.

[43] 林玲玲. 碳汇交易中的成本核算问题探析 [J]. 现代商贸工业,2012,24(03):135-137.

[44] 罗惟忠. 新概念碳中和影响哪些行业？ [EB/OL].[2021-03-06]. https://baijiahao. baidu.com/s?id=1693458007453608041&wfr=spider&for=pc.

[45] 薛立林. 中国宣布碳排放达峰与碳中和目标 推动能源革命与企业转型 [J]. 国际石油经济,2021,29(01):48-50.

[46] 徐北春. 农户清洁生产技术采纳扩散及行为控制策略研究 [D]. 长春：吉林大学，2020.

[47] 尹宝泉. 绿色建筑多功能能源系统集成机理研究 [D]. 天津：天津大学,2014.

[48] 中华人民共和国住房和城乡建设部. 绿色建筑评价标准: GB/T 50378-2019[S]. 北京：中国建筑工业出版社，2019.

[49] 刘琦宇,王喆."绿色燃料"三步走:如何实现2060交通碳中和 [EB/OL].[2021-01-12]. http://www.tanpaifang.com/tanzhonghe/2021/0112/76232.html.

[50] 许骞骞，孙婷，曹先磊. 实现碳中和目标的林业碳汇作用路径分析 [J]. 经济研究参考，2021(20):57-69.

[51] 邓茗文. 碳达峰、碳中和目标下林业碳汇发展机遇与企业行动选择 [J].可持续发展经济导刊,2021(Z1):26-29.

[52] 王兵，牛香，宋庆丰.基于全口径碳汇监测的中国森林碳中和能力分析 [J].环境保护，2021,49(16):30-34.

[53] 梁鸽. 草原碳汇：问题、成因与对策 [D].呼和浩特：内蒙古大学,2012.

[54] 王莉，陆文超. 草地:不容小觑的绿色碳库 [N].中国矿业报,2021-08-06(003).

[55] 李奇. 2010-2050年中国乔木林碳储量与固碳潜力 [D].北京:中国林业科学研究院，2016.

[56] 杨臣华.碳汇经济的新模式:草原碳汇经济 [J].内蒙古大学学报(哲学社会科学版),2017,49(04):94-101.

[57] 郑淑华, 金花, 邢旗, 等. 草原碳汇研究的重要性和必要性 [J]. 内蒙古草业, 2010,22(04):12-13.

[58] 李佐军, 俞敏. 加快探索建立草碳汇交易市场 [J]. 重庆理工大学学报 (社会科学), 2019,33(08):1-6.

[59] 刘加文. 重视和发挥草原的碳汇功能 [R/OL].[2018-12-06]. http://www.forestry. gov.cn/main/5501/20181206/174112956648156.html.

[60] 刘加文. 应对全球气候变化决不能忽视草原的重大作用 [J]. 草地学报 ,2010,18(01):1-4.

[61] 邹秀清. 碳汇交易和自然资源管理 [J]. 上海土地 , 2021, 000(003):7-9.

[62] 宋丽弘, 郭立光, 杨青龙. 研究草原碳汇经济的意义 [J]. 理论与现代化, 2014(01):60-65.

[63] 杨季. 试论草原碳源与碳汇的对立统一关系及草原碳汇的作用 [J]. 国家林业和草原局管理干部学院学报 ,2019,18(02):8-12.

[64] 张自兴. 草原退化状态下增强草原碳汇功能的分析 [J]. 当代畜牧 ,2018(26):7-8.

[65] 李莲华, 杨淑娟, 班文霞, 等. 内蒙古发展草原碳汇的必要性和限制性因素 [J]. 黑龙江农业科学 ,2014(05):73-74.

[66] 刘加文. 应对全球气候变化决不能忽视草原的重大作用 [J]. 草地学报 ,2010, 18(01):1-4.

[67] 唐才富, 涂云军, 代丽梅, 等.CCER 林业碳汇项目开发现状及建议 [J]. 四川林业科技 ,2017,38(04):115-119+146.

[68] 隋朝霞, 孙曼丽, 张丹. 碳中和目标对我国天然气行业影响分析及对策思考 [J]. 天然气技术与经济 ,2021,15(03):69-73.

[69] 周淑慧, 孙慧, 梁严, 等. "双碳" 目标下 "十四五" 天然气发展机遇与挑战 [J]. 油气与新能源 ,2021,33(03):27-36.

[70] 田江南, 蒋晶, 罗扬, 等. 绿色氢能技术发展现状与趋势 [J]. 分布式能源 ,2021, 6(02):8-13.

[71] 张贤, 郭偲悦, 孔慧, 等. 碳中和愿景的科技需求与技术路径 [J]. 中国环境管理, 2021,13(01):65-70.

[72] 杜刚, 杨迪, 郭燕. 锚定 "双碳" 目标, 可再生能源能否挑起大梁 ?[N]. 经济参考报,

2021-07-19(007).

[73] 汪灿. 碳中和目标下核电发展初步研究 [J]. 电力设备管理, 2022(6):2.

[74] 张锐. 挽风光储能之臂推进碳达峰与碳中和 [J]. 中关村, 2021(06):32-33.

[75] 齐卓泽. 资源节约型和环境友好型社会建设 [J]. 资源节约与环保, 2021(05):141-143.

[76] 曹君. 公民环境权利与环境保护 [J]. 城乡建设, 2012 (13): 1-3.

[77] 中华人民共和国环境保护法, 2015.

[78] 杜群, 李子擎. 国外碳中和的法律政策和实施行动 [N]. 中国环境报, 2021-04-16 (006).

[79] 胡杉宇. 英国"脱欧"后的气候变化政策 [D]. 北京: 北京大学, 2021.

[80] 贺克斌. 碳中和, 未来之变 [EB/OL].[2021-06-15].https://www.hbzhan.com/news/ detail/141981.html.

[81] 秦阿宁, 孙玉玲, 王燕鹏, 等. 碳中和背景下的国际绿色技术发展态势分析 [J]. 世界科技研究与发展, 2021, 43(4):18.

[82] 杨富强, 吴迪. "十四五" 时期我国能源转型实现碳达峰的路径建议 [J]. 可持续发展经济导刊, 2021(6):2.

[83] 石婷, 班远冲, 刘志媛, 等. 基于 "双碳" 目标的生态文明建设升级路径研究 [J]. 环境科学与管理, 2022,47(05):139-143.

[84] 杜祥琬. 在生态文明大考中交出合格答卷 [N]. 经济日报, 2021-4-26(01).

[85] 庄贵阳. 我国实现"双碳"目标面临的挑战及对策 [J]. 人民论坛, 2021(18):50-53.

[86] 郭方舟. 共享"碳中和"推动绿色丝绸之路 [J]. 一带一路报道(中英文), 2021(03):15.

[87] 杨亚坤, 杨华武. 非二氧化碳温室气体排放现状和对策 [J], 科技资讯, 2014, 12(15): 130-131.

[88] 李云燕, 赵国龙. 中国低碳城市建设研究综述 [J]. 生态经济, 2015,31(02):36-43.

[89] 王帆. 20 个低碳试点城市观察: 北上广深有望率先碳达峰,15 城有条件碳排放绝对量下降 [N].21 世纪经济报道, 2021-07-05(009).

[90] 中国人民大学重阳金融研究院. "碳中和" 中国城市进展报告 2021(春季)[J]. 今日国土, 2021(01):19-28.

[91] 孙云童 . 全球浪费食物的碳排放高于欧盟年排放, 节约粮食就是减排 [EB/OL].
　　 [2020-08-17]. http://www.tanpaifang.com/jienenjianpai/2020/0817/73330.html.

[92] 亚唯特 . 全民环保新概念指向－低碳着装 [EB/OL].[2012-9-21]2012. https://www.
　　 china5e.com/news/news-246031-1.html.

[93] 孙瑞哲 . 众者行, 方致远 [J]. 中国服饰 ,2021(07):20-21.

[94] 李海燕 . 试论低碳生活方式 [J]. 生态环境学报 ,2013,22(04):723-728.

[95] 胡小明 . 新时代绿色消费模式构建研究 [D]. 哈尔滨: 中共黑龙江省委党校 ,2020.

昨天 22:44
项目清晰度评分 ♥♥♥♥♥
2021第231棵希望！

昨天 14:39
项目清晰度评分 ♥♥♥♥♥
我的宝宝平安顺遂。

爱心用户　昨天 09:42
项目清晰度评分 ♥♥♥♥♥
南无阿弥陀佛

爱心用户　07-20 08:16
项目清晰度评分 ♥♥♥♥♥
谢谢！植树工人的工作，希望枸杞树结累累的果实。也希植树工人科学技术种植。

07-12 15:46
项目清晰度评分 ♥♥♥♥♥
种下希望树，收获新希望

07-21 17:46
项目清晰度评分 ♥♥♥♥♥
坚持播种绿色，地球得到滋养。

07-20 09:17
项目清晰度评分 ♥♥♥♥♥
加油

07-11 21:41
项目清晰度评分 ♥♥♥♥♥
2021第192棵希望！

项目清晰度评分 ♥♥♥♥♥ 08:43
保护环境，让我们的家园更美好！

项目清晰度评分 ♥♥♥♥♥ 06:00
崭新而璀璨的人生。♥

项目清晰度评分 ♥♥♥♥♥ 07-13 20:28
地球应该是绿的，感谢绿化地球的工作者！！！

项目清晰度评分 ♥♥♥♥♥ 07-15 20:26
2021第196棵希望！

项目清晰度评分 ♥♥♥♥♥ 07-16 08:36
我们种的树，后世都能共享！

项目清晰度评分 ♥♥♥♥♥ 08-10 21:59
我希望♥传递下去没有了善心就像没有空气一样，

项目清晰度评分 ♥♥♥♥♥ 07-15 22:12
添绿

项目清晰度评分 ♥♥♥♥♥ 07-21 09:45
为自己种下一颗希望的种子

项目清晰度评分 ♥♥♥♥♥ 07-15 07:12
多種樹，地球更漂亮！生活更美好！

项目清晰度评分 ♥♥♥♥♥ 07-12 22:10
2021第193棵希望！

LOVE MESSAGE

 企业合作伙伴

排名不分先后

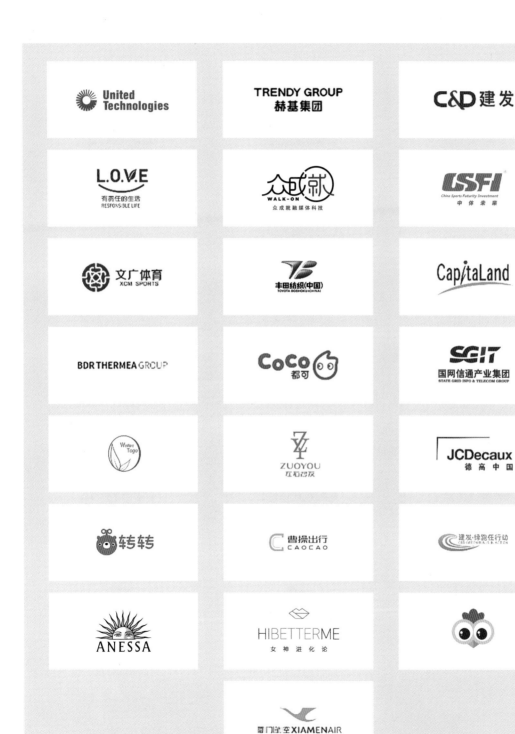

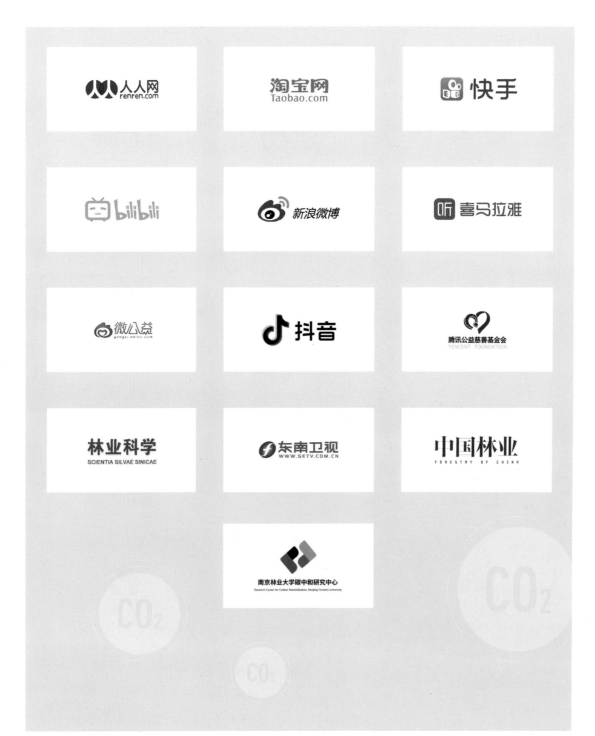 平台合作伙伴

排名不分先后

 媒体合作伙伴

排名不分先后